西 藏 自 治 区 水 利 厅
西藏自治区发展和改革委员会

西藏自治区
水利水电工程施工机械
台时费定额

黄河水利出版社
·郑州·

图书在版编目(CIP)数据

西藏自治区水利水电工程施工机械台时费定额/西藏自治区水利电力规划勘测设计研究院，中水北方勘测设计研究有限责任公司主编. —郑州：黄河水利出版社，2017. 2

ISBN 978 - 7 - 5509 - 1696 - 8

Ⅰ. ①西…　Ⅱ. ①西…　②中…　Ⅲ. ①水利水电工程 - 施工机械 - 费用 - 工时定额 - 西藏　Ⅳ. ①TV512

中国版本图书馆 CIP 数据核字(2017)第 037110 号

出 版 社：黄河水利出版社　　　　网址：www. yrcp. com

地址：河南省郑州市顺河路黄委会综合楼 14 层　邮政编码：450003

发行单位：黄河水利出版社

发行部电话：0371 - 66026940、66020550、66028024、66022620(传真)

E-mail：hhslcbs@126. com

承印单位：河南匠心印刷有限公司

开本：850 mm×1 168 mm　1/32

印张：4. 5

字数：113 千字　　　　印数：1—1 000

版次：2017 年 2 月第 1 版　　　　印次：2017 年 2 月第 1 次印刷

定价：150. 00 元

西藏自治区水利厅
西藏自治区发展和改革委员会文件

藏水字〔2017〕27号

关于发布西藏自治区水利水电建筑工程概算定额、设备安装工程概算定额、施工机械台时费定额和工程设计概（估）算编制规定的通知

各地（市）水利局、发展和改革委员会，各有关单位：

为适应经济社会的快速发展，进一步加强造价管理和完善定额体系，合理确定和有效控制工程投资，自治区水利厅牵头组织编制了《西藏自治区水利水电建筑工程概算定额》、《西藏自治区水利水电设备安装工程概算定额》、《西藏自治区水利水电工程施工机械台时费定额》、《西藏自治区水利水电工程设计概（估）算编制规定》，经审查，现予以发布，自2017年4月1日起执行。《西藏自治区水利建筑工程预算定额》（2003版）、《西藏自治区水利工程设备安装概算定额》（2003版）、《西藏自治区水利工程设计概（估）算编制规定》（2003版）同时废止。本次

发布的定额和编制规定由西藏自治区水利厅、西藏自治区发展和改革委员会负责解释。

附件:1、西藏自治区水利水电建筑工程概算定额

2、西藏自治区水利水电设备安装工程概算定额

3、西藏自治区水利水电工程施工机械台时费定额

4、西藏自治区水利水电工程设计概(估)算编制规定

西藏自治区水利厅　　　西藏自治区发展和改革委员会

2017 年 3 月 5 日

西藏自治区水利厅办公室　　　2017 年 3 月 5 日印发

主持单位:西藏自治区水利厅

承编单位:西藏自治区水利电力规划勘测设计研究院

中水北方勘测设计研究有限责任公司

定额编制领导小组

组　　　长:罗杰

常务副组长:赵东晓　李克恭　阳辉　何志华　杜雷功

成　　　员:热旦　次旦卓嘎　索朗次仁　王印海

拉巴

定额编制组

组　长:阳辉

副组长:孙富行　拉巴　李明强　田伟

主要编制人员

张珏　李明强　孟繁杰　吕中维　杨刚

目　录

说　明

一、本定额是以水利部颁发的《水利水电工程施工机械台时费定额》为基础，结合西藏自治区水利水电工程特点和施工机械设备及配件实际价格水平编制的。内容包括：土石方机械、混凝土机械、运输机械、起重机械、砂石料加工机械、钻孔灌浆机械、动力机械、其他机械和补充机械共九章，767个子目。

二、本定额以台时为计量单位。

三、本定额由两类费用组成，定额表中以（一）、（二）表示。

一类费用分为折旧费、修理及替换设备费（含大修理费、经常性修理费）和安装拆卸费，价格水平为2016年，并按照含税价和除税价分开列示。

二类费用分为人工，动力、燃料或消耗材料，以工时数量和实物消耗量表示，其费用按国家规定的人工工资计算办法和工程所在地的物价水平分别计算。

四、各类费用的定义及取费原则：

1. 折旧费：指机械在寿命期内回收原值的台时折旧摊销费用。

2. 修理及替换设备费：指机械在使用过程中，为了使机械保持正常功能而进行修理所需费用、日常保养所需的润滑油料费、擦拭用品费、机械保管费以及替换设备费、随机使用的工具附具等所需的台时摊销费用。

3. 安装拆卸费：指机械进出工地的安装、拆卸、试运转和场内转移及辅助设施的摊销费用。不需要安装、拆卸的施工机械台时费用不计列此项费用。

4. 人工：指机械使用时机上人员的工时消耗。包括机械运转时间、辅助时间、用餐、交接班以及必要的机械正常中断时间。台时费中人工费按工程措施人工预算单价计算。

5. 动力、燃料或消耗材料:指正常运转所需的风(压缩空气)、水、电、油及煤等。其中,机械消耗电量包括机械本身和最后一级降压变压器低压侧至施工用电点之间的线路损耗。风、水消耗包括机械本身和移动支管的损耗。

五、本定额“备注”栏内注有符号“※”的大型机械,表示该项定额未列安装拆卸费,其费用在“其他临时工程”中解决。

六、本定额单斗挖掘机台时费均适用于正铲和反铲。

七、本定额子目编号按以下方式排列:

土石方机械	1001 ~	混凝土机械	2001 ~
运输机械	3001 ~	起重机械	4001 ~
砂石料加工机械	5001 ~	钻孔灌浆机械	6001 ~
动力机械	7001 ~	其他机械	8001 ~
补充机械	9001 ~		

一、土石方机械

项目			单位	单斗挖掘机				
				油动		液压		
				斗容(m^3)				
				0.5	1.0	0.4	0.6	0.8
(一)	含税价	折旧费	元	26.50	35.24	30.42	38.80	47.08
		修理及替换设备费	元	23.13	33.48	20.81	22.84	38.66
		安装拆卸费	元					
		小计	元	49.63	68.72	51.23	61.64	85.74
	除税价	折旧费	元	22.65	30.12	26.00	33.16	40.24
		修理及替换设备费	元	20.78	30.08	18.69	20.52	34.73
		安装拆卸费	元					
		小计	元	43.43	60.20	44.69	53.68	74.97
(二)		人工	工时	2.7	2.7	2.7	2.7	2.7
		汽油	kg					
		柴油	kg	10.7	14.2	6.0	9.5	13.4
		电	kW·h					
		风	m^3					
		水	m^3					
		煤	kg					
备注								
编号				1001	1002	1003	1004	1005

单斗挖掘机					索式挖掘机	
液　　压					油　　动	
斗　　容(m^3)					斗　　容(m^3)	
1.0	1.2	2.0	2.5	3.0	1.0	2.0
62.82	64.90	120.52	158.98	197.25	39.36	53.68
43.41	44.86	73.30	73.69	94.29	41.34	56.36
					3.54	4.84
106.23	109.76	193.82	232.67	291.54	84.24	114.88
53.69	55.47	103.01	135.88	168.59	33.64	45.88
39.00	40.30	65.85	66.20	84.70	37.14	50.63
					3.47	4.74
92.69	95.77	168.86	202.08	253.29	74.25	101.25
2.7	2.7	2.7	2.7	2.7	2.7	2.7
14.9	16.1	20.2	25.4	34.6	14.6	19.4
				※		
1006	1007	1008	1009	1010	1011	1012

<table>
<tr><td colspan="3" rowspan="4">项　目</td><td rowspan="4">单位</td><td colspan="2">索式挖掘机</td><td colspan="3">多斗挖掘机</td></tr>
<tr><td colspan="2">油　动</td><td colspan="2">链斗式</td><td rowspan="2">轮斗式</td></tr>
<tr><td colspan="4">斗　容(m^3)</td></tr>
<tr><td>3.0</td><td>4.0</td><td>0.045</td><td>0.08</td><td>DW－200</td></tr>
<tr><td rowspan="8">(一)</td><td rowspan="4">含税价</td><td>折旧费</td><td>元</td><td>85.88</td><td>214.70</td><td>15.76</td><td>20.13</td><td>80.51</td></tr>
<tr><td>修理及替换设备费</td><td>元</td><td>81.59</td><td>128.82</td><td>19.48</td><td>22.45</td><td>83.75</td></tr>
<tr><td>安装拆卸费</td><td>元</td><td></td><td></td><td>2.22</td><td>2.51</td><td></td></tr>
<tr><td>小　计</td><td>元</td><td>167.47</td><td>343.52</td><td>37.46</td><td>45.09</td><td>164.26</td></tr>
<tr><td rowspan="4">除税价</td><td>折旧费</td><td>元</td><td>73.40</td><td>183.50</td><td>13.47</td><td>17.21</td><td>68.81</td></tr>
<tr><td>修理及替换设备费</td><td>元</td><td>73.29</td><td>115.72</td><td>17.50</td><td>20.17</td><td>75.23</td></tr>
<tr><td>安装拆卸费</td><td>元</td><td></td><td></td><td>2.18</td><td>2.46</td><td></td></tr>
<tr><td>小　计</td><td>元</td><td>146.69</td><td>299.22</td><td>33.15</td><td>39.84</td><td>144.04</td></tr>
<tr><td rowspan="7">(二)</td><td colspan="2">人　工</td><td>工时</td><td>2.7</td><td>2.7</td><td>2.4</td><td>2.4</td><td>5.3</td></tr>
<tr><td colspan="2">汽　油</td><td>kg</td><td></td><td></td><td></td><td></td><td></td></tr>
<tr><td colspan="2">柴　油</td><td>kg</td><td>32.3</td><td>40.4</td><td>8.4</td><td>15.4</td><td></td></tr>
<tr><td colspan="2">电</td><td>kW·h</td><td></td><td></td><td></td><td></td><td>106.2</td></tr>
<tr><td colspan="2">风</td><td>m^3</td><td></td><td></td><td></td><td></td><td></td></tr>
<tr><td colspan="2">水</td><td>m^3</td><td></td><td></td><td></td><td></td><td></td></tr>
<tr><td colspan="2">煤</td><td>kg</td><td></td><td></td><td></td><td></td><td></td></tr>
<tr><td colspan="4">备　注</td><td>※</td><td>※</td><td></td><td></td><td>※</td></tr>
<tr><td colspan="4">编　号</td><td>1013</td><td>1014</td><td>1015</td><td>1016</td><td>1017</td></tr>
</table>

续表

挖掘装载机		装载机			
斗容(m^3)		轮胎式			
挖 0.1m^3 装 0.42m^3	挖 0.2m^3 装 0.5m^3	斗容(m^3)			
		1.0	1.5	2.0	3.0
8.72	10.07	14.86	19.00	20.48	28.68
7.82	9.03	9.65	12.33	15.35	21.49
0.65	0.74				
17.19	19.84	24.51	31.33	35.83	50.17
7.45	8.61	12.70	16.24	17.50	24.51
7.02	8.11	8.67	11.08	13.79	19.30
0.64	0.73				
15.11	17.45	21.37	27.32	31.29	43.81
1.3	1.3	1.3	1.3	1.3	1.3
6.6	8.8	9.8	9.8	19.7	23.7
1018	1019	1020	1021	1022	1023

项目			单位	装载机				多功能装载机
				履带式		侧卸式		
				斗容(m^3)				ZDL-250
				0.8	3.2	2.8	4.0	250m^3/h
(一)	含税价	折旧费	元	59.64	151.08	154.27	159.04	216.77
		修理及替换设备费	元	37.05	80.34	92.99	95.87	119.22
		安装拆卸费	元					
		小计	元	96.69	231.42	247.26	254.91	335.99
	除税价	折旧费	元	50.97	129.13	131.85	135.93	185.27
		修理及替换设备费	元	33.28	72.17	83.53	86.12	107.10
		安装拆卸费	元					
		小计	元	84.25	201.30	215.38	222.05	292.37
(二)	人工		工时	1.3	2.4	2.4	2.4	2.4
	汽油		kg					
	柴油		kg	12.7	62.9	28.5	38.2	14.0
	电		kW·h					
	风		m^3					
	水		m^3					
	煤		kg					
备注								
编号				1024	1025	1026	1027	1028

续表

推 土 机

功 率(kW)						
55	59	74	88	103	118	132
8.07	12.20	21.47	30.19	37.19	44.07	49.20
14.12	14.71	25.78	32.85	40.27	44.87	49.99
0.50	0.56	0.97	1.20	1.47	1.74	1.95
22.69	27.47	48.22	64.24	78.93	90.68	101.14
6.90	10.43	18.35	25.80	31.79	37.67	42.05
12.68	13.21	23.16	29.51	36.17	40.31	44.91
0.49	0.55	0.95	1.18	1.44	1.71	1.91
20.07	24.19	42.46	56.49	69.40	79.69	88.87
2.4	2.4	2.4	2.4	2.4	2.4	2.4
7.9	8.4	10.6	12.6	14.8	17.0	18.9
1029	1030	1031	1032	1033	1034	1035

项目			单位	推土机				
				功率(kW)				
				150	162	176	235	250
(一)	含税价	折旧费	元	53.68	67.80	74.78	113.62	171.76
		修理及替换设备费	元	54.50	62.86	67.31	90.90	106.83
		安装拆卸费	元	2.22	2.71	3.00	4.19	5.15
		小计	元	110.40	133.37	145.09	208.71	283.74
	除税价	折旧费	元	45.88	57.95	63.91	97.11	146.80
		修理及替换设备费	元	48.96	56.47	60.47	81.66	95.97
		安装拆卸费	元	2.18	2.66	2.94	4.11	5.05
		小计	元	97.02	117.08	127.32	182.88	247.82
(二)	人工		工时	2.4	2.4	2.4	2.4	2.4
	汽油		kg					
	柴油		kg	21.6	23.3	25.3	33.7	35.9
	电		kW·h					
	风		m^3					
	水		m^3					
	煤		kg					
备注								
编号				1036	1037	1038	1039	1040

续表

拖拉机							
履带式							
功率(kW)							
20	26	37	55	59	74	88	118
2.15	2.58	3.44	4.29	6.44	10.90	17.18	18.17
2.58	3.10	4.12	5.15	7.73	12.86	19.23	19.81
0.07	0.12	0.18	0.26	0.42	0.61	0.91	0.99
4.80	5.80	7.74	9.70	14.59	24.37	37.32	38.97
1.84	2.21	2.94	3.67	5.50	9.32	14.68	15.53
2.32	2.78	3.70	4.63	6.94	11.55	17.27	17.80
0.07	0.12	0.18	0.25	0.41	0.60	0.89	0.97
4.23	5.11	6.82	8.55	12.85	21.47	32.84	34.30
1.3 2.7	1.3 3.5	1.3 5.0	2.4 7.4	2.4 7.9	2.4 9.9	2.4 11.8	2.4 15.8
1041	1042	1043	1044	1045	1046	1047	1048

项目			单位	拖拉机			铲运机	
				履带式	手扶式		拖式	
				功率(kW)			斗容(m^3)	
				132	8.8	11	2.75	6~8
(一)	含税价	折旧费	元	21.47	0.45	0.92	4.92	8.06
		修理及替换设备费	元	23.40	1.80	2.40	6.34	9.90
		安装拆卸费	元	1.08	0.06	0.08	0.64	0.90
		小计	元	45.95	2.31	3.40	11.90	18.86
	除税价	折旧费	元	18.35	0.38	0.79	4.21	6.89
		修理及替换设备费	元	21.02	1.62	2.16	5.70	8.89
		安装拆卸费	元	1.06	0.06	0.08	0.63	0.88
		小计	元	40.43	2.06	3.03	10.54	16.66
(二)	人工		工时	2.4	1	1.0		
	汽油		kg					
	柴油		kg	17.7	1.4	1.7		
	电		kW·h					
	风		m^3					
	水		m^3					
	煤		kg					
备注								
编号				1049	1050	1051	1052	1053

续表

铲运机			削坡机	自行式平地机			
拖式	自行式						
斗容(m^3)				功率(kW)			
9~12	6~8	9~12	0.5	44	66	118	135
13.42	22.36	25.94	201.29	11.71	34.16	43.55	60.87
16.01	33.55	38.92	80.51	15.30	38.11	46.50	52.02
1.43			12.08				
30.86	55.91	64.86	293.88	27.01	72.27	90.05	112.89
11.47	19.11	22.17	172.04	10.01	29.20	37.22	52.03
14.38	30.14	34.96	72.32	13.74	34.23	41.77	46.73
1.40			11.84				
27.25	49.25	57.13	256.20	23.75	63.43	78.99	98.76
	2.4	2.4	2.7	2.4	2.4	2.4	2.4
	10.9	16.0	9.7	8.4	12.7	17.4	20.8
1054	1055	1056	1057	1058	1059	1060	1061

项目			单位	轮胎碾	振动碾			
					自行式			拖式
				重量(t)				
				9～16	7.13	9.2	17.4	13～14
(一)	含税价	折旧费	元	15.27	56.01	71.30	90.55	19.47
		修理及替换设备费	元	17.81	20.89	26.58	38.81	8.02
		安装拆卸费	元					
		小计	元	33.08	76.90	97.88	129.36	27.49
	除税价	折旧费	元	13.05	47.87	60.94	77.39	16.64
		修理及替换设备费	元	16.00	18.77	23.88	34.86	7.20
		安装拆卸费	元					
		小计	元	29.05	66.64	84.82	112.25	23.84
(二)		人工	工时		2.7	2.7	2.7	
		汽油	kg					
		柴油	kg		8.1	13.6	14.9	9.5
		电	kW·h					
		风	m^3					
		水	m^3					
		煤	kg					
备注					BW200	BW212	BW217AD	YZT14
编号				1062	1063	1064	1065	1066

续表

振动碾	斜坡振动碾	羊脚碾		压路机			
凸块	拖式			内燃			全液压
重量(t)							重量(t)
13～14	10	5～7	8～12	6～8	8～10	12～15	10～12
84.02	19.52	1.43	1.79	6.21	6.61	11.44	21.47
37.81	7.81	1.20	1.51	11.31	11.50	19.52	33.93
121.83	27.33	2.63	3.30	17.52	18.11	30.96	55.40
71.81	16.68	1.22	1.53	5.31	5.65	9.78	18.35
33.97	7.02	1.08	1.36	10.16	10.33	17.54	30.48
105.78	23.70	2.30	2.89	15.47	15.98	27.32	48.83
2.7				2.4	2.4	2.4	2.4
16.3	8.5			3.2	4.5	6.5	6.5
1067	1068	1069	1070	1071	1072	1073	1074

项目			单位	压路机 手扶振动式 重量(t) 1以内	刨毛机	蛙式夯实机 功率(kW) 2.8	风钻 手持式	风钻 气腿式
(一)	含税价	折旧费	元	4.43	9.45	0.19	0.61	0.93
		修理及替换设备费	元	7.45	12.28	1.14	2.14	2.78
		安装拆卸费	元		0.44			
		小计	元	11.88	22.17	1.33	2.75	3.71
	除税价	折旧费	元	3.79	8.08	0.16	0.52	0.79
		修理及替换设备费	元	6.69	11.03	1.02	1.92	2.50
		安装拆卸费	元		0.43			
		小计	元	10.48	19.54	1.18	2.44	3.29
(二)	人工		工时	1.3	2.4	2.0		
	汽油		kg					
	柴油		kg	0.7	7.4			
	电		kW·h			2.5		
	风		m^3				180.1	248.4
	水		m^3				0.3	0.4
	煤		kg					
备注								
编号				1075	1076	1077	1078	1079

续表

风镐（铲）	潜孔钻						
	型　号						
手持式	80 型	100 型	150 型	200 型	OZJ－100B	CM－220	CM－351
0.54	17.07	19.03	35.40	53.68	7.41	32.21	65.38
1.90	25.62	28.54	53.11	80.51	11.41	57.96	117.68
	0.52	0.65	1.19	1.81	0.25	1.08	2.20
2.44	43.21	48.22	89.70	136.00	19.07	91.25	185.26
0.46	14.59	16.26	30.26	45.88	6.33	27.53	55.88
1.71	23.01	25.64	47.71	72.32	10.25	52.07	105.71
	0.51	0.64	1.17	1.77	0.25	1.06	2.16
2.17	38.11	42.54	79.14	119.97	16.83	80.66	163.75
	1.3	1.3	1.3	1.3	1.3	1.3	1.3
	25.7	28.0	29.7	31.1			
74.5	372.6	403.7	683.1	720.4	558.9	1055.7	1117.8
1080	1081	1082	1083	1084	1085	1086	1087

项目			单位	液压履带钻机				电钻
				孔径(mm)				功率(kW)
				64 ~ 102	64 ~ 127	102 ~ 165	105 ~ 180	1.5
(一)	含税价	折旧费	元	107.35	123.45	203.97	248.78	0.43
		修理及替换设备费	元	56.66	65.16	107.64	131.31	0.64
		安装拆卸费	元	1.32	1.60	2.52	3.06	
		小计	元	165.33	190.21	314.13	383.15	1.07
	除税价	折旧费	元	91.75	105.51	174.33	212.63	0.37
		修理及替换设备费	元	50.90	58.53	96.69	117.96	0.57
		安装拆卸费	元	1.29	1.57	2.47	3.00	0.00
		小计	元	143.94	165.61	273.49	333.59	0.94
(二)		人工	工时	2.4	2.4	2.4	2.4	
		汽油	kg					
		柴油	kg	5.5	6.1	7.7	9.2	
		电	kW·h					1.3
		风	m^3	155.3	279.5	322.9	372.6	
		水	m^3					
		煤	kg					
备注				ROC712H	ROC812H			
编号				1088	1089	1090	1091	1092

续表

凿岩台车					爬罐	液压平台车	装岩机
							抓斗式
风动		液压			电动		斗容(m^3)
三臂	四臂	二臂	三臂	四臂	STH－5E		0.4
178.91	204.47	230.03	381.09	408.95	156.14	26.28	20.00
99.11	119.27	127.44	211.13	238.43	122.14	23.21	21.00
2.33	3.06	3.28	4.95	5.85	2.55		1.30
280.35	326.80	360.75	597.17	653.23	280.83	49.49	42.30
152.91	174.76	196.61	325.72	349.53	133.45	22.46	17.09
89.03	107.14	114.48	189.66	214.18	109.72	20.85	18.86
2.28	3.00	3.22	4.85	5.73	2.50		1.27
244.22	284.90	314.31	520.23	569.44	245.67	43.31	37.22
7.3	8.6	6.3	7.3	8.6	5.7	2.7	2.4
7.2	9.6	3.2	7.2	9.6		16.0	
5.1	5.1	77.8	111.7	145.3	6.7		
2297.7	3042.9				298.1		1055.7
5.1	6.8	3.5	5.1	6.8	3.2		
1093	1094	1095	1096	1097	1098	1099	1100

项目			单位	装岩机				
				耙斗式	风动		电动	
				斗容(m^3)				
				0.6	0.12	0.26	0.2	0.6
(一)	含税价	折旧费	元	7.73	2.42	4.08	4.67	7.98
		修理及替换设备费	元	10.82	4.85	6.12	6.93	11.16
		安装拆卸费	元	0.50	0.18	0.31	0.27	0.44
		小计	元	19.05	7.45	10.51	11.87	19.58
	除税价	折旧费	元	6.61	2.07	3.49	3.99	6.82
		修理及替换设备费	元	9.72	4.36	5.50	6.23	10.03
		安装拆卸费	元	0.49	0.18	0.30	0.26	0.43
		小计	元	16.82	6.61	9.29	10.48	17.28
(二)		人工	工时	2.4	1.3	2.4	2.4	2.4
		汽油	kg					
		柴油	kg					
		电	kW·h	21.7			14.0	24.7
		风	m^3		218.0	714.2		
		水	m^3					
		煤	kg					
备注								
编号				1101	1102	1103	1104	1105

续表

装岩机	扒渣机				锚杆台车	水枪	缺口耙
电动	立爪式			蟹爪式			
斗容(m^3)	生产率(m^3/h)			功率(kW)			
0.75	100	120	150	55	435H	陕西20型	
13.10	44.07	48.22	52.35	49.31	295.21	0.71	0.66
17.70	17.99	19.68	21.38	34.52	145.84	1.72	1.93
0.69	0.55	0.60	0.66	4.77	2.95		
31.49	62.61	68.50	74.39	88.60	444.00	2.43	2.59
11.20	37.67	41.21	44.74	42.15	252.32	0.61	0.56
15.90	16.16	17.68	19.21	31.01	131.01	1.55	1.73
0.68	0.54	0.59	0.65	4.68	2.89		
27.78	54.37	59.48	64.60	77.84	386.22	2.16	2.29
2.4	2.4	2.4	2.4	2.4	5.0	1.0	
					3.0		
33.4	18.1	22.0	30.8	39.8	80.0		
	LZ－100	LZ－120c	LBZ－150				
1106	1107	1108	1109	1110	1111	1112	1113

项目			单位	单齿松土器	犁		吊斗(桶)		
							斗容(m^3)		
					三铧	五铧	0.2~0.6	1.0	2.0
(一)	含税价	折旧费	元	5.37	0.57	0.77	0.46	0.66	0.99
		修理及替换设备费	元	15.03	1.54	2.02	0.92	1.13	1.49
		安装拆卸费	元						
		小计	元	20.40	2.11	2.79	1.38	1.79	2.48
	除税价	折旧费	元	4.59	0.49	0.66	0.39	0.56	
		修理及替换设备费	元	13.50	1.38	1.81	0.83	1.02	
		安装拆卸费	元						
		小计	元	18.09	1.87	2.47	1.22	1.58	
(二)		人工	工时						
		汽油	kg						
		柴油	kg						
		电	kW·h						
		风	m^3						
		水	m^3						
		煤	kg						
		备注							
		编号		1114	1115	1116	1117	1118	1119

续表

修钎设备	液压抓斗	液压岩石破碎机			插板机	
	0.8～1.2m³	HB20G	HB30G	HB40G	履带式	轨道式
93.45	175.41	37.00	39.86	58.59	42.25	34.03
	97.46	22.84	28.49	36.91	38.27	30.75
		1.81	2.44	2.87		
93.45	272.87	61.65	70.79	98.37	80.52	64.78
79.87	149.92	31.62	34.07	50.08	36.11	29.09
	87.55	20.52	25.59	33.16	34.38	27.62
		1.77	2.39	2.81		
79.87	237.47	53.91	62.05	86.05	70.49	56.71
2.4	2.9	2.7	2.7	2.7	2.0	2.0
	27.7	9.5	14.9	18.6	85.0	
55						
1120	1121	1122	1123	1124	1125	1126

二、混凝土机械

项目			单位	混凝土搅拌机				强制式混凝土搅拌机
				出料(m^3)				
				0.25	0.4	0.8	1.0	0.25
(一)	含税价	折旧费	元	1.47	3.72	4.96	10.37	3.22
		修理及替换设备费	元	2.54	6.03	7.12	10.20	5.01
		安装拆卸费	元	0.51	1.21	1.53	2.55	1.26
		小计	元	4.52	10.96	13.61	23.12	9.49
	除税价	折旧费	元	1.26	3.18	4.24	8.86	2.75
		修理及替换设备费	元	2.28	5.42	6.40	9.16	4.50
		安装拆卸费	元	0.50	1.19	1.50	2.50	1.24
		小计	元	4.04	9.79	12.14	20.52	8.49
(二)		人工	工时	1.3	1.3	1.3	1.3	1.3
		汽油	kg					
		柴油	kg					
		电	kW·h	4.3	8.6	18.0	24.7	10.1
		风	m^3					
		水	m^3					
		煤	kg					
备注								
编号				2001	2002	2003	2004	2005

强制式混凝土搅拌机			混凝土搅拌站		
出　　料(m^3)			生 产 能 力(m^3/h)		
0.35	0.5	0.75	15	25	45
4.51	6.87	10.73	20.84	29.17	84.32
6.98	10.37	15.97	6.94	9.72	23.42
1.75	2.59	3.93			
13.24	19.83	30.63	27.78	38.89	107.74
3.85	5.87	9.17	17.81	24.93	72.07
6.27	9.32	14.35	6.23	8.73	21.04
1.72	2.54	3.85			
11.84	17.73	27.37	24.04	33.66	93.11
1.3	1.3	1.3	3.0	4.0	5.0
20.8	37.9	42.5	24.7	45.0	60.0
			※	※	※
2006	2007	2008	2009	2010	2011

<table>
<tr><th colspan="3" rowspan="4">项　　目</th><th rowspan="4">单位</th><th colspan="5">混凝土搅拌车</th></tr>
<tr><th colspan="3">轮 胎 式</th><th colspan="2">轨 道 式</th></tr>
<tr><th colspan="5">混凝土容积(m^3)</th></tr>
<tr><th>3.0</th><th>6.0</th><th>8.0</th><th>3.0</th><th>6.0</th></tr>
<tr><td rowspan="8">(一)</td><td rowspan="4">含税价</td><td>折　旧　费</td><td>元</td><td>31.23</td><td>68.31</td><td>71.91</td><td>8.44</td><td>13.87</td></tr>
<tr><td>修理及替换设备费</td><td>元</td><td>59.92</td><td>131.08</td><td>138.00</td><td>7.54</td><td>12.38</td></tr>
<tr><td>安装拆卸费</td><td>元</td><td>3.60</td><td>7.85</td><td>8.27</td><td>1.02</td><td>1.66</td></tr>
<tr><td>小　　计</td><td>元</td><td>94.75</td><td>207.24</td><td>218.18</td><td>17.00</td><td>27.91</td></tr>
<tr><td rowspan="4">除税价</td><td>折　旧　费</td><td>元</td><td>26.69</td><td>58.38</td><td>61.46</td><td>7.21</td><td>11.85</td></tr>
<tr><td>修理及替换设备费</td><td>元</td><td>53.83</td><td>117.75</td><td>123.97</td><td>6.77</td><td>11.12</td></tr>
<tr><td>安装拆卸费</td><td>元</td><td>3.53</td><td>7.69</td><td>8.11</td><td>1.00</td><td>1.63</td></tr>
<tr><td>小　　计</td><td>元</td><td>84.05</td><td>183.82</td><td>193.54</td><td>14.98</td><td>24.60</td></tr>
<tr><td rowspan="7">(二)</td><td colspan="2">人　　工</td><td>工时</td><td>1.3</td><td>1.3</td><td>1.3</td><td>1.3</td><td>1.3</td></tr>
<tr><td colspan="2">汽　　油</td><td>kg</td><td></td><td></td><td></td><td></td><td></td></tr>
<tr><td colspan="2">柴　　油</td><td>kg</td><td>10.1</td><td>12.2</td><td>14.8</td><td>2.5</td><td>3.4</td></tr>
<tr><td colspan="2">电</td><td>kW·h</td><td></td><td></td><td></td><td></td><td></td></tr>
<tr><td colspan="2">风</td><td>m^3</td><td></td><td></td><td></td><td></td><td></td></tr>
<tr><td colspan="2">水</td><td>m^3</td><td></td><td></td><td></td><td></td><td></td></tr>
<tr><td colspan="2">煤</td><td>kg</td><td></td><td></td><td></td><td></td><td></td></tr>
<tr><td colspan="4">备　　注</td><td></td><td></td><td></td><td></td><td></td></tr>
<tr><td colspan="4">编　　号</td><td>2012</td><td>2013</td><td>2014</td><td>2015</td><td>2016</td></tr>
</table>

续表

混凝土输送泵			混凝土泵车		真 空 泵		
输 出 量(m^3/h)			排 出 量(m^3/h)		功 率(kW)		
30	50	60	47	80	4.5	7.0	22
34.44	43.63	48.22	193.23	238.55	1.07	1.71	3.15
23.31	29.53	32.63	63.77	71.56	2.59	3.49	5.65
2.38	3.00	3.32	6.03	6.57	0.17	0.27	0.53
60.13	76.16	84.17	263.03	316.68	3.83	5.47	9.33
29.44	37.29	41.21	165.15	203.89	0.91	1.46	2.69
20.94	26.53	29.31	57.29	64.28	2.33	3.14	5.08
2.33	2.94	3.25	5.91	6.44	0.17	0.26	0.52
52.71	66.76	73.77	228.35	274.61	3.41	4.86	8.29
2.4	2.4	2.4	3.4	3.4	1.3	1.3	1.3
			9.0	13.0			
26.7	73.4	50.0			3.4	5.3	16.6
2017	2018	2019	2020	2021	2022	2023	2024

项目			单位	喷混凝土三联机	水泥枪	混凝土喷射机		混凝土湿喷机
				油动	生产率(m^3/h)			
				40kW	1.2	4~5	6~10	4~5
(一)	含税价	折旧费	元	250.49	0.97	3.15	3.46	8.86
		修理及替换设备费	元	71.39	2.70	2.64	3.06	13.29
		安装拆卸费	元	6.26	0.18	0.21	0.24	0.97
		小计	元	328.14	3.85	6.00	6.76	23.12
	除税价	折旧费	元	214.09	0.83	2.69	2.96	7.57
		修理及替换设备费	元	64.13	2.43	2.37	2.75	11.94
		安装拆卸费	元	6.14	0.18	0.21	0.24	0.95
		小计	元	284.36	3.44	5.27	5.95	20.46
(二)		人工	工时	3.4	1.3	2.4	2.4	2.4
		汽油	kg					
		柴油	kg	7.0				
		电	kW·h		1.0	2.7	7.7	3.0
		风	m^3	438.4	167.1	526.6	745.2	509.0
		水	m^3					
		煤	kg					
备注								
编号				2025	2026	2027	2028	2029

续表

混凝土湿喷机	喷浆机	振捣器				
		插入式				平板式
型号		功率(kW)				
A90/C	75L	1.1	1.5	2.2	4.0	2.2
173.04	2.58	0.36	0.58	0.61	0.68	0.49
84.70	8.25	1.38	2.03	2.10	2.24	1.40
6.92	0.38					
264.66	11.21	1.74	2.61	2.71	2.92	1.89
147.90	2.21	0.31	0.50	0.52	0.58	0.42
76.09	7.41	1.24	1.82	1.89	2.01	1.26
6.78	0.37					
230.77	9.99	1.55	2.32	2.41	2.59	1.68
2.4	1.3					
11						
31	2.0	0.8	1.1	1.7	3.0	1.7
720	111.8					
2030	2031	2032	3033	2034	2035	2036

项目			单位	变频机组	四联振捣器	混凝土平仓振捣机	混凝土平仓机（挖掘臂式）	混凝土振动碾
				容量（kW）				
				4.5	EX－60	40kW	油动 74kW	YZSIA
（一）	含税价	折旧费	元	4.01	29.31	77.94	44.73	4.54
		修理及替换设备费	元	9.18	43.14	54.24	63.51	3.62
		安装拆卸费	元		1.70		2.48	
		小计	元	13.19	74.15	132.18	110.72	8.16
	除税价	折旧费	元	3.43	25.05	66.62	38.23	3.88
		修理及替换设备费	元	8.25	38.75	48.72	57.05	3.25
		安装拆卸费	元		1.67		2.43	
		小计	元	11.68	65.47	115.34	97.71	7.13
（二）	人工		工时		2.1	1.3	1.3	1.3
	汽油		kg					
	柴油		kg		4.8	7.6	9.8	1.3
	电		kW·h	4.0				
	风		m^3					
	水		m^3					
	煤		kg					
备注								
编号				2037	2038	2039	2040	2041

续表

混凝土振动碾			摊铺机	压力水冲洗机	高压冲毛机	五刷头刷毛机	切缝机
BW－75	BW－200	BW－202AD	TX150	PS－6.3	GCHJ50	PU－100	EX－100
8.77	75.15	105.20	6.90	0.67	7.79	49.45	39.86
4.58	39.22	54.71	2.54	1.01	11.67	36.96	27.04
			0.76	0.13	1.16	3.03	1.85
13.35	114.37	159.91	10.20	1.81	20.62	89.44	68.75
7.50	64.23	89.91	5.90	0.57	6.66	42.26	34.07
4.11	35.23	49.15	2.28	0.91	10.48	33.20	24.29
			0.74	0.13	1.14	2.97	1.81
11.61	99.46	139.06	8.92	1.61	18.28	78.43	60.17
1.3	1.3	1.3	1.3	1.3	1.3	1.3	1.3
1.8	7.0	9.4	3.0			13.5	9.1
				8.3	25.0		
2042	2043	2044	2045	2046	2047	2048	2049

项目			单位	混凝土罐 容积(m³)			风(砂)水枪 耗风量(m³/min)	水泥拆包机	喂料小车
				0.25～1.0	2.0	3.0	6.0		
(一)	含税价	折旧费	元	0.69	1.19	7.13	0.27	16.81	5.15
		修理及替换设备费	元	2.17	2.45	6.60	0.48	27.09	4.63
		安装拆卸费	元						1.55
		小计	元	2.86	3.64	13.73	0.75	43.90	11.33
	除税价	折旧费	元	0.59	1.02	6.09	0.23	14.37	4.40
		修理及替换设备费	元	1.95	2.20	5.93	0.43	24.34	4.16
		安装拆卸费	元						1.52
		小计	元	2.54	3.22	12.02	0.66	38.71	10.08
(二)		人工	工时					2.4	
		汽油	kg						
		柴油	kg						
		电	kW·h					8.6	
		风	m³				202.5		
		水	m³				4.1		
		煤	kg						
备注									
编号				2050	2051	2052	2053	2054	2055

续表

螺旋空气输送机	水泥真空卸料机	双仓泵	油压滑模设备	台车动力设备	拉模动力设备	负压溜槽液压系统
生　产　率(t/h)						
65	20～30	60				
3.62	6.19	4.69	4.80	2.70	3.83	2.60
3.52	6.46	8.11	9.93	5.57	2.71	4.57
0.51	0.85	1.27	3.07	1.74	0.10	0.32
7.65	13.50	14.07	17.80	10.01	6.64	7.49
3.09	5.29	4.01	4.10	2.31	3.27	2.22
3.16	5.80	7.29	8.92	5.00	2.43	4.11
0.50	0.83	1.24	3.01	1.71	0.10	0.31
6.75	11.92	12.54	16.03	9.02	5.80	6.64
1.3	3.4	1.3	10.7	9.3	1.3	1.4
						0.6
68.7	42.4	103.0	6.0	10.6	15.0	
1620.2		1456.0				
2056	2057	2058	2059	2060	2061	2062

三、运输机械

项目			单位	载重汽车				
				载重量(t)				
				2.0	2.5	4.0	5.0	6.5
(一)	含税价	折旧费	元	5.48	5.79	7.95	8.78	12.40
		修理及替换设备费	元	7.65	8.08	11.12	12.27	13.57
		安装拆卸费	元					
		小计	元	13.13	13.87	19.07	21.05	25.97
	除税价	折旧费	元	5.08	5.37	7.38	8.15	11.50
		修理及替换设备费	元	6.87	7.26	9.99	11.02	12.19
		安装拆卸费	元					
		小计	元	11.95	12.63	17.37	19.17	23.69
(二)		人工	工时	1.3	1.3	1.3	1.3	1.3
		汽油	kg	4.2	4.2	7.2	7.2	
		柴油	kg					7.2
		电	kW·h					
		风	m^3					
		水	m^3					
		煤	kg					
备注								
编号				3001	3002	3003	3004	3005

载重汽车					自卸汽车		
载 重 量(t)							
8.0	10	12	15	18	3.5	5.0	8.0
18.89	23.67	27.12	35.14	43.48	8.94	12.12	25.53
19.78	23.53	26.96	34.94	43.22	4.46	6.07	15.31
38.67	47.20	54.08	70.08	86.70	13.40	18.19	40.84
17.52	21.96	25.16	32.60	40.34	8.29	11.24	23.68
17.77	21.14	24.22	31.39	38.83	4.01	5.45	13.75
35.29	43.10	49.38	63.99	79.17	12.30	16.69	37.43
1.3	1.3	1.3	1.3	1.3	1.3	1.3	1.3
					7.7		
8.0	8.9	8.9	10.9	12.1		9.1	10.2
3006	3007	3008	3009	3010	3011	3012	3013

项目			单位	自卸汽车				
				载重量(t)				
				10	12	15	18	20
(一)	含税价	折旧费	元	34.45	38.56	48.22	54.24	57.10
		修理及替换设备费	元	20.68	27.00	33.75	35.26	37.11
		安装拆卸费	元					
		小计	元	55.13	65.56	81.97	89.50	94.21
	除税价	折旧费	元	31.96	35.77	44.74	50.32	52.97
		修理及替换设备费	元	18.58	24.25	30.32	31.67	33.34
		安装拆卸费	元					
		小计	元	50.54	60.02	75.06	81.99	86.31
(二)		人工	工时	1.3	1.3	1.3	1.3	1.3
		汽油	kg					
		柴油	kg	10.8	12.4	13.1	14.9	16.2
		电	kW·h					
		风	m^3					
		水	m^3					
		煤	kg					
备注								
编号				3014	3015	3016	3017	3018

续表

平板挂车						
载重量(t)						
10	20	30	40	60	80	100
6.22	8.96	13.49	21.70	33.45	54.24	66.55
5.36	7.74	8.96	15.04	23.19	35.73	43.83
11.58	16.70	22.45	36.74	56.64	89.97	110.38
5.77	8.31	12.52	20.13	31.03	50.32	61.74
4.81	6.95	8.05	13.51	20.83	32.10	39.37
10.58	15.26	20.57	33.64	51.86	82.42	101.11
3019	3020	3021	3022	3023	3024	3025

项目			单位	汽车拖车头				
				牵引量(t)				
				10	20	30	40	60
(一)	含税价	折旧费	元	12.33	24.16	34.52	45.56	93.70
		修理及替换设备费	元	12.93	15.94	21.64	27.52	59.16
		安装拆卸费	元					
		小计	元	25.26	40.10	56.16	73.08	152.86
	除税价	折旧费	元	11.44	22.41	32.03	42.27	86.93
		修理及替换设备费	元	11.62	14.32	19.44	24.72	53.14
		安装拆卸费	元					
		小计	元	23.06	36.73	51.47	66.99	140.07
(二)		人工	工时	1.3	1.3	2.7	2.7	2.7
		汽油	kg	7.1				
		柴油	kg		8.3	10.2	10.9	14.8
		电	kW·h					
		风	m^3					
		水	m^3					
		煤	kg					
备注								
编号				3026	3027	3028	3029	3030

续表

汽车拖车头		汽车挂车				洒水车	
牵引量(t)		载重量(t)				容量(m^3)	
80	100	1.5	3.0	5.0	8.0	2.5	4.0
119.80	141.50	0.76	1.08	1.93	2.77	7.28	12.76
68.36	80.73	1.51	2.00	3.66	4.28	8.65	14.10
188.16	222.23	2.27	3.08	5.59	7.05	15.93	26.86
111.14	131.27	0.71	1.00	1.79	2.57	6.75	11.84
61.41	72.52	1.36	1.80	3.29	3.84	7.77	12.67
172.55	203.79	2.07	2.80	5.08	6.41	14.52	24.51
2.7	2.7					1.3	1.3
						5.0	6.8
17.0	18.2						
3031	3032	3033	3034	3035	3036	3037	3038

项目			单位	洒水车		加油车	油罐汽车	
				容量(m³)				
				4.8	8.0	8.0	4.0	4.8
(一)	含税价	折旧费	元	13.40	17.96	32.54	13.56	15.19
		修理及替换设备费	元	15.95	24.78	35.33	10.59	11.86
		安装拆卸费	元					
		小计	元	29.35	42.74	67.87	24.15	27.05
	除税价	折旧费	元	12.43	16.66	30.19	12.58	14.09
		修理及替换设备费	元	14.33	22.26	31.74	9.51	10.65
		安装拆卸费	元					
		小计	元	26.76	38.92	61.93	22.09	24.74
(二)		人工	工时	1.3	1.3	1.3	1.3	1.3
		汽油	kg	8.0			6.8	7.2
		柴油	kg		8.8	9.6		
		电	kW·h					
		风	m^3					
		水	m^3					
		煤	kg					
备注								
编号				3039	3040	3041	3042	3043

续表

油罐汽车				沥青洒布车	散装水泥车		
容　　量(m^3)					载　重　量(t)		
7.0	8.0	10	15~18	3.5	3.5	7.0	10
20.07	23.67	29.58	63.68	15.19	12.57	16.22	26.62
15.67	22.48	26.76	72.25	17.55	11.08	16.19	25.97
35.74	46.15	56.34	135.93	32.74	23.65	32.41	52.59
18.62	21.96	27.44	59.08	14.09	11.66	15.05	24.70
14.08	20.19	24.04	64.90	15.77	9.95	14.54	23.33
32.70	42.15	51.48	123.98	29.86	21.61	29.59	48.03
1.3	1.3	1.3	2.4	1.3	1.3	1.3	1.3
				6.1	5.9		
9.0	10.0	11.0	16.9			8.0	10.1
3044	3045	3046	3047	3048	3049	3050	3051

项目			单位	散装水泥车			工程修理车	高空作业车
				载重量(t)				液压
				13	18	20	解放型	YZ12 - A
(一)	含税价	折旧费	元	41.41	50.70	86.78	20.86	24.88
		修理及替换设备费	元	40.50	48.33	96.74	46.87	36.57
		安装拆卸费	元					
		小计	元	81.91	99.03	183.52	67.73	61.45
	除税价	折旧费	元	38.42	47.04	80.51	19.35	23.08
		修理及替换设备费	元	36.38	43.42	86.90	42.10	32.85
		安装拆卸费	元					
		小计	元	74.80	90.46	167.41	61.45	55.93
(二)		人工	工时	1.3	1.3	1.3	1.3	1.3
		汽油	kg				4.0	
		柴油	kg	10.9	16.0	16.2		9.0
		电	kW·h					
		风	m^3		49.7	55.9		
		水	m^3					
		煤	kg					
备注								
编号				3052	3053	3054	3055	3056

续表

客货两用车	三轮卡车	胶轮车	机动翻斗车	电瓶搬运车	拖轮	石驳	
			载重量(t)		功率(kW)	舱容积(m^3)	
130型			1.0		176	100	120
8.44	0.89	0.29	1.38	1.08	58.70	89.46	130.06
9.62	1.45	0.73	1.38	1.11	55.78	62.62	65.42
18.06	2.34	1.02	2.76	2.19	114.48	152.08	195.48
7.83	0.83	0.25	1.28	0.92	54.46	82.99	120.66
8.64	1.30	0.66	1.24	1.00	50.11	56.25	58.77
16.47	2.13	0.91	2.52	1.92	104.57	139.24	179.43
1.3	1.3		1.3	1.3	6.3	4.9	4.9
4.0	2.0						
			1.5		21.6	2.2	2.5
				4.0			
3057	3058	3059	3060	3061	3062	3063	3064

项目			单位	矿车	V型斗车		油罐车
				窄轨			准轨
				容积(m^3)			载重量(t)
				3.5	0.6	1.0	50
(一)	含税价	折旧费	元	1.82	0.49	0.77	11.65
		修理及替换设备费	元	0.63	0.12	0.20	4.43
		安装拆卸费	元				
		小计	元	2.45	0.61	0.97	16.08
	除税价	折旧费	元	1.56	0.42	0.66	9.96
		修理及替换设备费	元	0.57	0.11	0.18	3.98
		安装拆卸费	元				
		小计	元	2.13	0.53	0.84	13.94
(二)		人工	工时				
		汽油	kg				
		柴油	kg				
		电	kW·h				
		风	m^3				
		水	m^3				
		煤	kg				
备注							
编号				3065	3066	3067	3068

续表

螺旋输送机							
螺旋(直径×长度)(mm×m)							
168×5	200×15	200×30	200×40	250×15	250×30	250×40	300×15
0.49	1.22	3.47	3.90	1.79	3.93	4.79	1.86
0.73	2.99	6.05	6.26	4.48	7.40	8.50	4.65
0.03	0.12	0.24	0.25	0.17	0.30	0.34	0.18
1.25	4.33	9.76	10.41	6.44	11.63	13.63	6.69
0.42	1.04	2.97	3.33	1.53	3.36	4.09	1.59
0.66	2.69	5.43	5.62	4.02	6.65	7.64	4.18
1.08	3.73	8.40	8.95	5.55	10.01	11.73	5.77
0.7	0.7	0.7	0.7	0.7	0.7	0.7	0.7
1.1	2.1	3.9	7.0	2.1	5.3	7.0	7.0
3069	3070	3071	3072	3073	3074	3075	3076

项目			单位	螺旋输送机				
				螺旋(直径×长度)(mm×m)				
				300×30	300×40	400×15	400×30	400×40
(一)	含税价	折旧费	元	4.36	5.22	2.08	4.66	5.55
		修理及替换设备费	元	8.24	9.28	5.21	10.64	12.15
		安装拆卸费	元	0.35	0.46	0.21	0.47	0.55
		小计	元	12.95	14.96	7.50	15.77	18.25
	除税价	折旧费	元	3.73	4.46	1.78	3.98	4.74
		修理及替换设备费	元	7.40	8.34	4.68	9.56	10.91
		安装拆卸费	元	0.34	0.45	0.21	0.46	0.54
		小计	元	11.47	13.25	6.67	14.00	16.19
(二)		人工	工时	0.7	0.7	0.7	0.7	0.7
		汽油	kg					
		柴油	kg					
		电	kW·h	9.1	11.9	7.0	11.9	18.2
		风	m^3					
		水	m^3					
		煤	kg					
备注								
编号				3077	3078	3079	3080	3081

续表

螺旋输送机					
螺旋(直径×长度)(mm×m)					
500×15	500×30	500×40	600×15	600×30	600×40
2.29	5.22	5.86	2.64	5.44	6.37
5.52	11.48	12.47	6.05	11.56	13.14
0.24	0.53	0.59	0.26	0.54	0.60
8.05	17.23	18.92	8.95	17.54	20.11
1.96	4.46	5.01	2.26	4.65	5.44
4.96	10.31	11.20	5.43	10.38	11.80
0.24	0.52	0.58	0.25	0.53	0.59
7.16	15.29	16.79	7.94	15.56	17.83
0.7	0.7	0.7	0.7	0.7	0.7
9.1	15.4	21.0	11.9	17.9	25.9
3082	3083	3084	3085	3086	3087

项目			单位	斗式提升机			
				型号(斗宽×提升高度)(mm×m)			
				D160×11.4	D250×21.6	D250×30	D350×21.7
(一)	含税价	折旧费	元	1.30	2.03	2.37	2.93
		修理及替换设备费	元	2.94	3.64	4.06	5.04
		安装拆卸费	元	0.44	0.65	0.73	0.90
		小计	元	4.68	6.32	7.16	8.87
	除税价	折旧费	元	1.11	1.74	2.03	2.50
		修理及替换设备费	元	2.64	3.27	3.65	4.53
		安装拆卸费	元	0.43	0.64	0.72	0.88
		小计	元	4.18	5.65	6.40	7.91
(二)		人工	工时	1.3	1.3	1.3	1.3
		汽油	kg				
		柴油	kg				
		电	kW·h	1.7	4.3	6.0	8.0
		风	m^3				
		水	m^3				
		煤	kg				
备注							
编号				3088	3089	3090	3091

续表

斗式提升机		胶带输送机					
型号(斗宽×提升高度)(mm×m)		移动式			固定式		
D450×23.7	HL300×27.6	带宽×带长(mm×m)					
		500×10	500×15	500×20	500×30	500×50	500×75
3.70	2.70	2.11	2.61	3.02	3.29	3.55	5.12
5.46	5.18	2.51	3.07	3.56	3.98	5.28	7.86
1.04	0.89	0.26	0.32	0.36	0.39	0.54	0.80
10.20	8.77	4.88	6.00	6.94	7.66	9.37	13.79
3.16	2.31	1.80	2.23	2.58	2.81	3.03	4.38
4.90	4.65	2.25	2.76	3.20	3.58	4.74	7.06
1.02	0.87	0.25	0.31	0.35	0.38	0.53	0.78
9.08	7.83	4.30	5.30	6.13	6.77	8.30	12.22
1.3	1.3	0.7	0.7	0.7	0.7	1.0	1.0
8.3	8.3	3.1	3.5	4.3	4.8	5.5	12.8
3092	3093	3094	3095	3096	3097	3098	3099

项目			单位	胶带输送机				
				固定式				
				带宽×带长(mm×m)				
				650×30	650×50	650×75	650×100	650×125
(一)	含税价	折旧费	元	3.48	5.70	8.07	10.37	12.52
		修理及替换设备费	元	4.09	6.71	9.82	12.64	15.24
		安装拆卸费	元	0.42	0.69	1.00	1.30	1.57
		小计	元	7.99	13.10	18.89	24.31	29.33
	除税价	折旧费	元	2.97	4.87	6.90	8.86	10.70
		修理及替换设备费	元	3.67	6.03	8.82	11.35	13.69
		安装拆卸费	元	0.41	0.68	0.98	1.27	1.54
		小计	元	7.05	11.58	16.70	21.48	25.93
(二)		人工	工时	0.7	1.0	1.0	1.3	1.3
		汽油	kg					
		柴油	kg					
		电	kW·h	10.9	14.0	21.0	27.0	30.0
		风	m^3					
		水	m^3					
		煤	kg					
备注								
编号				3100	3101	3102	3103	3104

续表

胶带输送机							
固　定　式							
带宽×带长(mm×m)							
800×30	800×50	800×75	800×100	800×125	800×150	800×200	800×250
6.61	8.55	9.30	12.69	15.13	18.09	25.83	29.15
7.78	10.07	11.32	17.32	20.67	24.71	33.54	39.84
0.79	1.03	1.17	1.87	2.22	2.65	3.45	4.48
15.18	19.65	21.79	31.88	38.02	45.45	62.82	73.47
5.65	7.31	7.95	10.85	12.93	15.46	22.08	24.91
6.99	9.05	10.17	15.56	18.57	22.20	30.13	35.79
0.77	1.01	1.15	1.83	2.18	2.60	3.38	4.39
13.41	17.37	19.27	28.24	33.68	40.26	55.59	65.09
0.7 12.0	1.0 22.5	1.0 27.0	1.3 32.0	1.3 33.2	1.3 37.1	1.3 51.1	1.3 70.1
3105	3106	3107	3108	3109	3110	3111	3112

项目			单位	胶带输送机				
				固定式				
				带宽×带长(mm×m)				
				800×300	1000×50	1000×75	1000×100	1000×125
(一)	含税价	折旧费	元	33.21	10.18	11.81	14.89	16.77
		修理及替换设备费	元	45.39	11.97	14.37	19.34	22.93
		安装拆卸费	元	4.87	1.23	1.48	1.99	2.46
		小计	元	83.47	23.38	27.66	36.22	42.16
	除税价	折旧费	元	28.38	8.70	10.09	12.73	14.33
		修理及替换设备费	元	40.77	10.75	12.91	17.37	20.60
		安装拆卸费	元	4.77	1.21	1.45	1.95	2.41
		小计	元	73.92	20.66	24.45	32.05	37.34
(二)		人工	工时	1.3	1.0	1.0	1.3	1.3
		汽油	kg					
		柴油	kg					
		电	kW·h	93.1	26.3	28.1	35.0	36.9
		风	m^3					
		水	m^3					
		煤	kg					
备注								
编号				3113	3114	3115	3116	3117

续表

胶带输送机							
固　定　式							
带宽×带长(mm×m)							
1000×150	1000×200	1000×250	1000×300	1200×50	1200×75	1200×100	1200×125
19.80	27.84	33.21	40.93	11.40	15.75	18.09	21.78
27.05	36.15	45.39	53.13	13.42	19.16	23.48	28.26
2.90	3.72	4.87	5.46	1.38	1.97	2.41	2.90
49.75	67.71	83.47	99.52	26.20	36.88	43.98	52.94
16.92	23.79	28.38	34.98	9.74	13.46	15.46	18.62
24.30	32.47	40.77	47.73	12.06	17.21	21.09	25.39
2.84	3.65	4.77	5.35	1.35	1.93	2.36	2.84
44.06	59.91	73.92	88.06	23.15	32.60	38.91	46.85
1.3	1.3	1.3	1.3	1.0	1.0	1.3	1.3
50.9	70.0	92.9	102.7	29.2	49.0	50.9	69.1
3118	3119	3120	3121	3122	3123	3124	3125

项目			单位	胶带输送机				
				固定式				
				带宽×带长(mm×m)				
				1200×150	1200×200	1200×250	1200×300	1400×50
(一)	含税价	折旧费	元	30.08	34.32	40.59	48.31	13.03
		修理及替换设备费	元	39.07	46.89	52.71	62.71	15.32
		安装拆卸费	元	4.01	5.04	5.41	6.44	1.58
		小计	元	73.16	86.25	98.71	117.46	29.93
	除税价	折旧费	元	25.71	29.33	34.69	41.29	11.14
		修理及替换设备费	元	35.10	42.12	47.35	56.33	13.76
		安装拆卸费	元	3.93	4.94	5.30	6.31	1.55
		小计	元	64.74	76.39	87.34	103.93	26.45
(二)		人工	工时	1.3	1.3	1.3	1.3	1.0
		汽油	kg					
		柴油	kg					
		电	kW·h	72.4	106.0	119.1	142.4	36.9
		风	m^3					
		水	m^3					
		煤	kg					
备注								
编号				3126	3127	3128	3129	3130

续表

胶带输送机					
固　定　式					
带宽×带长(mm×m)					
1400×75	1400×100	1400×150	1400×200	1400×250	1400×300
18.50	21.40	31.83	40.68	51.30	57.70
22.52	27.79	41.34	55.60	66.60	78.85
2.32	2.86	4.25	5.96	6.84	8.46
43.34	52.05	77.42	102.24	124.74	145.01
15.81	18.29	27.21	34.77	43.85	49.32
20.23	24.96	37.14	49.95	59.83	70.83
2.27	2.80	4.17	5.84	6.70	8.29
38.31	46.05	68.52	90.56	110.38	128.44
1.0	1.3	1.3	1.3	1.3	1.3
50.9	69.1	106.0	119.1	142.4	169.0
3131	3132	3133	3134	3135	3136

四、起重机械

<table>
<tr><td rowspan="3" colspan="3">项　　目</td><td rowspan="3">单位</td><td colspan="5">塔式起重机</td></tr>
<tr><td colspan="5">起　重　量(t)</td></tr>
<tr><td>2.0</td><td>6.0</td><td>8.0</td><td>10</td><td>15</td></tr>
<tr><td rowspan="8">(一)</td><td rowspan="4">含税价</td><td>折　旧　费</td><td>元</td><td>10.10</td><td>28.18</td><td>41.43</td><td>46.75</td><td>59.04</td></tr>
<tr><td>修理及替换设备费</td><td>元</td><td>3.53</td><td>10.36</td><td>14.47</td><td>19.09</td><td>22.39</td></tr>
<tr><td>安装拆卸费</td><td>元</td><td>0.85</td><td>2.59</td><td>3.46</td><td>3.50</td><td>4.26</td></tr>
<tr><td>小　　计</td><td>元</td><td>14.48</td><td>41.13</td><td>59.36</td><td>69.34</td><td>85.69</td></tr>
<tr><td rowspan="4">除税价</td><td>折　旧　费</td><td>元</td><td>8.63</td><td>24.09</td><td>35.41</td><td>39.96</td><td>50.46</td></tr>
<tr><td>修理及替换设备费</td><td>元</td><td>3.17</td><td>9.31</td><td>13.00</td><td>17.15</td><td>20.11</td></tr>
<tr><td>安装拆卸费</td><td>元</td><td>0.83</td><td>2.54</td><td>3.39</td><td>3.43</td><td>4.18</td></tr>
<tr><td>小　　计</td><td>元</td><td>12.63</td><td>35.94</td><td>51.80</td><td>60.54</td><td>74.75</td></tr>
<tr><td rowspan="8">(二)</td><td colspan="2">人　　工</td><td>工时</td><td>2.4</td><td>2.4</td><td>2.7</td><td>2.7</td><td>2.7</td></tr>
<tr><td colspan="2">汽　　油</td><td>kg</td><td></td><td></td><td></td><td></td><td></td></tr>
<tr><td colspan="2">柴　　油</td><td>kg</td><td></td><td></td><td></td><td></td><td></td></tr>
<tr><td colspan="2">电</td><td>kW·h</td><td>11.3</td><td>21.1</td><td>27.2</td><td>36.7</td><td>45.4</td></tr>
<tr><td colspan="2">风</td><td>m^3</td><td></td><td></td><td></td><td></td><td></td></tr>
<tr><td colspan="2">水</td><td>m^3</td><td></td><td></td><td></td><td></td><td></td></tr>
<tr><td colspan="2">煤</td><td>kg</td><td></td><td></td><td></td><td></td><td></td></tr>
<tr><td colspan="2"></td><td></td><td></td><td></td><td></td><td></td><td></td></tr>
<tr><td colspan="4">备　　注</td><td></td><td></td><td></td><td></td><td></td></tr>
<tr><td colspan="4">编　　号</td><td>4001</td><td>4002</td><td>4003</td><td>4004</td><td>4005</td></tr>
</table>

履带起重机						
油　动						
起　重　量(t)						
5.0	8.0	10	15	20	25	30
18.34	23.57	35.92	42.80	51.89	55.02	78.91
10.79	13.03	21.12	25.19	25.88	26.27	37.27
0.68	0.75	1.34	1.59	1.65	1.75	2.50
29.81	37.35	58.38	69.58	79.42	83.04	118.68
15.68	20.15	30.70	36.58	44.35	47.03	67.44
9.69	11.70	18.97	22.63	23.25	23.60	33.48
0.67	0.74	1.31	1.56	1.62	1.72	2.45
26.04	32.59	50.98	60.77	69.22	72.35	103.37
2.4	2.4	2.4	2.4	2.4	2.4	2.4
7.7	7.9	8.3	11.9	12.4	14.9	15.0
4006	4007	4008	4009	4010	4011	4012

<table>
<tr><td colspan="3" rowspan="4">项　　目</td><td rowspan="4">单位</td><td colspan="6">履带起重机</td></tr>
<tr><td colspan="4">油　　动</td><td colspan="2">电　　动</td></tr>
<tr><td colspan="6">起　重　量(t)</td></tr>
<tr><td>40</td><td>50</td><td>90</td><td>100</td><td>50</td><td>63.4</td></tr>
<tr><td rowspan="8">(一)</td><td rowspan="4">含税价</td><td>折　旧　费</td><td>元</td><td>99.19</td><td>121.58</td><td>362.30</td><td>533.65</td><td>107.35</td><td>122.15</td></tr>
<tr><td>修理及替换设备费</td><td>元</td><td>46.86</td><td>48.47</td><td>84.99</td><td>125.41</td><td>46.67</td><td>50.46</td></tr>
<tr><td>安装拆卸费</td><td>元</td><td>2.64</td><td>3.22</td><td>3.27</td><td>3.31</td><td>1.51</td><td>1.56</td></tr>
<tr><td>小　　计</td><td>元</td><td>148.69</td><td>173.27</td><td>450.56</td><td>662.37</td><td>155.53</td><td>174.17</td></tr>
<tr><td rowspan="4">除税价</td><td>折　旧　费</td><td>元</td><td>84.78</td><td>103.91</td><td>309.66</td><td>456.11</td><td>91.75</td><td>104.40</td></tr>
<tr><td>修理及替换设备费</td><td>元</td><td>42.09</td><td>43.54</td><td>76.35</td><td>112.66</td><td>41.92</td><td>45.33</td></tr>
<tr><td>安装拆卸费</td><td>元</td><td>2.59</td><td>3.16</td><td>3.21</td><td>3.24</td><td>1.48</td><td>1.53</td></tr>
<tr><td>小　　计</td><td>元</td><td>129.46</td><td>150.61</td><td>389.22</td><td>572.01</td><td>135.15</td><td>151.26</td></tr>
<tr><td rowspan="7">(二)</td><td colspan="2">人　　工</td><td>工时</td><td>2.4</td><td>2.4</td><td>2.4</td><td>2.4</td><td>2.4</td><td>2.4</td></tr>
<tr><td colspan="2">汽　　油</td><td>kg</td><td></td><td></td><td></td><td></td><td></td><td></td></tr>
<tr><td colspan="2">柴　　油</td><td>kg</td><td>16.0</td><td>18.6</td><td>21.0</td><td>22.2</td><td></td><td></td></tr>
<tr><td colspan="2">电</td><td>kW·h</td><td></td><td></td><td></td><td></td><td>78.3</td><td>100.9</td></tr>
<tr><td colspan="2">风</td><td>m^3</td><td></td><td></td><td></td><td></td><td></td><td></td></tr>
<tr><td colspan="2">水</td><td>m^3</td><td></td><td></td><td></td><td></td><td></td><td></td></tr>
<tr><td colspan="2">煤</td><td>kg</td><td></td><td></td><td></td><td></td><td></td><td></td></tr>
<tr><td colspan="4">备　　注</td><td></td><td></td><td></td><td></td><td></td><td></td></tr>
<tr><td colspan="4">编　　号</td><td>4013</td><td>4014</td><td>4015</td><td>4016</td><td>4017</td><td>4018</td></tr>
</table>

续表

汽车起重机							
起　重　量(t)							
5.0	6.3	8.0	10	12	16	20	25
14.60	20.18	23.62	28.34	32.64	42.51	52.14	84.34
14.03	14.84	16.56	19.72	23.60	29.57	32.70	45.55
28.63	35.02	40.18	48.06	56.24	72.08	84.84	129.89
12.48	17.25	20.19	24.22	27.90	36.33	44.56	72.09
12.60	13.33	14.88	17.71	21.20	26.56	29.37	40.92
25.08	30.58	35.07	41.93	49.10	62.89	73.93	113.01
2.7	2.7	2.7	2.7	2.7	2.7	2.7	2.7
5.8							
	5.8	7.7	7.7	8.6	11.1	11.6	12.4
4019	4020	4021	4022	4023	4024	4025	4026

项目			单位	汽车起重机					
				起重量(t)					
				30	40	50	70	90	100
(一)	含税价	折旧费	元	95.85	187.86	249.21	383.38	460.07	536.75
		修理及替换设备费	元	51.75	101.45	127.84	196.69	236.04	275.36
		安装拆卸费	元						
		小计	元	147.60	289.31	377.05	580.07	696.11	812.11
	除税价	折旧费	元	81.92	160.56	213.00	327.68	393.22	458.76
		修理及替换设备费	元	46.49	91.13	114.84	176.69	212.04	247.36
		安装拆卸费	元						
		小计	元	128.41	251.69	327.84	504.37	605.26	706.12
(二)		人工	工时	2.7	2.7	2.7	2.7	2.7	2.7
		汽油	kg						
		柴油	kg	14.7	16.9	18.9	21.0	21.0	21.0
		电	kW·h						
		风	m^3						
		水	m^3						
		煤	kg						
备注									
编号				4027	4028	4029	4030	4031	4032

续表

汽车起重机		门座式起重机	龙门起重机	轮胎起重机			
起 重 量(t)							
110	130	10~30	10	8.0	10	15	16
567.42	613.42	106.52	23.07	21.69	23.99	25.01	33.21
291.09	314.68	33.34	6.73	12.15	13.44	14.00	17.67
			1.12				
858.51	928.10	139.86	30.92	33.84	37.43	39.01	50.88
484.97	524.29	91.04	19.72	18.54	20.50	21.38	28.38
261.49	282.68	29.95	6.05	10.91	12.07	12.58	15.87
			1.10				
746.46	806.97	120.99	26.87	29.45	32.57	33.96	44.25
2.7	2.7	3.9	2.7	2.4	2.4	2.4	2.4
22.0	22.0	90.8	17.5	5.9	5.9	7.0	7.3
4033	4034	4035	4036	4037	4038	4039	4040

项目			单位	轮胎起重机				
				起重量(t)				
				20	25	35	40	100～125
(一)	含税价	折旧费	元	39.24	58.04	77.16	93.94	358.95
		修理及替换设备费	元	20.64	30.51	42.69	49.38	193.83
		安装拆卸费	元					
		小计	元	59.88	88.55	119.85	143.32	552.78
	除税价	折旧费	元	33.54	49.61	65.95	80.29	306.79
		修理及替换设备费	元	18.54	27.41	38.35	44.36	174.12
		安装拆卸费	元					
		小计	元	52.08	77.02	104.30	124.65	480.91
(二)		人工	工时	2.4	2.4	2.4	2.4	2.7
		汽油	kg					
		柴油	kg	7.4	9.6	11.0	11.4	21.0
		电	kW·h					
		风	m^3					
		水	m^3					
		煤	kg					
备注								
编号				4041	4042	4043	4044	4045

续表

桅杆式起重机					链式起重机 手　　动		
起　重　量(t)							
5	10	15	25	40	1.0	2.0	3.0
8.95	11.10	14.67	15.39	18.25	0.08	0.15	0.17
6.09	7.55	9.99	10.48	12.42	0.04	0.05	0.07
3.21	4.70	5.94	6.22	7.39			
18.25	23.35	30.60	32.09	38.06	0.12	0.20	0.24
7.65	9.49	12.54	13.15	15.60	0.07	0.13	0.15
5.47	6.78	8.97	9.41	11.16	0.04	0.04	0.06
3.15	4.61	5.82	6.10	7.24			
16.27	20.88	27.33	28.66	34.00	0.11	0.17	0.21
2.4	2.4	2.4	2.4	2.4			
18.1	26.7	41.6	46.9	66.7			
4046	4047	4048	4049	4050	4051	4052	4053

项目			单位	链式起重机 手动	叉式起重机	电动葫芦			
				起重量(t)					
				5.0	5.0	0.5	1.0	2.0	3.0
(一)	含税价	折旧费	元	0.27	10.53	0.86	1.03	1.25	1.40
		修理及替换设备费	元	0.09	16.64	0.53	0.63	0.76	0.86
		安装拆卸费	元						
		小计	元	0.36	27.17	1.39	1.66	2.01	2.26
	除税价	折旧费	元	0.23	9.00	0.74	0.88	1.07	1.20
		修理及替换设备费	元	0.08	14.95	0.48	0.57	0.68	0.77
		安装拆卸费	元						
		小计	元	0.31	23.95	1.22	1.45	1.75	1.97
(二)		人工	工时		2.4				
		汽油	kg						
		柴油	kg						
		电	kW·h		18.1	1.0	2.0	3.0	4.0
		风	m^3						
		水	m^3						
		煤	kg						
备注									
编号				4054	4055	4056	4057	4058	4059

续表

电动葫芦	千　斤　顶					张拉千斤顶	
起　重　量(t)							
5.0	≤10	50	100	200	300	YKD－18	YCQ－100
2.00	0.06	0.13	0.47	0.61	0.97	0.32	1.22
1.15	0.02	0.07	0.14	0.20	0.33	0.09	0.35
3.15	0.08	0.20	0.61	0.81	1.30	0.41	1.57
1.71	0.05	0.11	0.40	0.52	0.83	0.27	1.04
1.03	0.02	0.06	0.13	0.18	0.30	0.08	0.31
2.74	0.07	0.17	0.53	0.70	1.13	0.35	1.35
5.0							
4060	4061	4062	4063	4064	4065	4066	4067

项目			单位	张拉千斤顶		卷扬机 单筒慢速 起重量(t)		
				YCW－150	YCW－350	1.0	2.0	3.0
(一)	含税价	折旧费	元	1.72	2.05	0.49	1.37	1.98
		修理及替换设备费	元	0.48	0.57	0.19	0.53	0.77
		安装拆卸费	元			0.01	0.02	0.03
		小计	元	2.20	2.62	0.69	1.92	2.78
	除税价	折旧费	元	1.47	1.75	0.42	1.17	1.69
		修理及替换设备费	元	0.43	0.51	0.17	0.48	0.69
		安装拆卸费	元			0.01	0.02	0.03
		小计	元	1.90	2.26	0.60	1.67	2.41
(二)		人工	工时			1.0	1.0	1.0
		汽油	kg					
		柴油	kg					
		电	kW·h			3.0	4.0	5.4
		风	m^3					
		水	m^3					
		煤	kg					
备注								
编号				4068	4069	4070	4071	4072

续表

卷扬机						
单筒慢速			单筒快速			
起重量(t)						
5.0	8.0	10	1.0	2.0	3.0	5.0
3.36	6.77	22.19	0.78	1.92	4.22	7.04
1.31	2.64	8.66	0.31	0.75	1.65	2.75
0.05	0.10	0.34	0.01	0.03	0.07	0.11
4.72	9.51	31.19	1.10	2.70	5.94	9.90
2.87	5.79	18.97	0.67	1.64	3.61	6.02
1.18	2.37	7.78	0.28	0.67	1.48	2.47
0.05	0.10	0.33	0.01	0.03	0.07	0.11
4.10	8.26	27.08	0.96	2.34	5.16	8.60
1.3	1.3	1.3	1.0	1.0	1.0	1.3
7.9	15.9	17.1	5.4	7.9	10.1	21.6
4073	4074	4075	4076	4077	4078	4079

项目			单位	卷扬机				
				双筒慢速			双筒快速	
				起重量(t)				
				3.0	5.0	10	1.0	2.0
(一)	含税价	折旧费	元	5.54	6.66	28.85	1.08	3.16
		修理及替换设备费	元	2.16	2.60	11.25	0.42	1.23
		安装拆卸费	元	0.09	0.10	0.44	0.01	0.05
		小计	元	7.79	9.36	40.54	1.51	4.44
	除税价	折旧费	元	4.74	5.69	24.66	0.92	2.70
		修理及替换设备费	元	1.94	2.34	10.11	0.38	1.10
		安装拆卸费	元	0.09	0.10	0.43	0.01	0.05
		小计	元	6.77	8.13	35.20	1.31	3.85
(二)		人工	工时	1.3	1.3	1.3	1.0	1.0
		汽油	kg					
		柴油	kg					
		电	kW·h	8.6	10.1	17.1	5.8	11.7
		风	m^3					
		水	m^3					
		煤	kg					
备注								
编号				4080	4081	4082	4083	4084

续表

卷扬机				卷扬台车	箕斗		单层罐笼(t)
双筒快速							
起重量(t)					斗容(m^3)		
3.0	5.0	8.0	10		0.6	1.0	1.1
5.92	8.10	15.88	33.71	50.32	1.49	1.92	23.01
2.31	3.17	6.19	13.14	51.83	0.41	0.52	20.70
0.09	0.12	0.25	0.52	4.02			
8.32	11.39	22.32	47.37	106.17	1.90	2.44	3.44
5.06	6.92	13.57	28.81	43.01	1.27	1.64	19.67
2.08	2.85	5.56	11.80	46.56	0.37	0.47	18.60
0.09	0.12	0.25	0.51	3.94			
7.23	9.89	19.38	41.12	93.51	1.64	2.11	38.27
1.0	1.3	1.3	1.3	2.7			
17.1	28.8	42.8	46.1	100.0			
4085	4086	4087	4088	4089	4090	4091	4092

项目			单位	绞车				
				单筒				
				卷筒直径×卷筒宽度(m×m)				
				1.2×1.0 30kW	2×1.5 55kW	1.2×1.0 75kW	1.6×1.2 110kW	2.0×1.5 155kW
(一)	含税价	折旧费	元	7.94	12.75	16.40	22.66	44.28
		修理及替换设备费	元	3.10	4.97	6.39	8.83	17.27
		安装拆卸费	元	0.12	0.19	0.25	0.35	0.68
		小计	元	11.16	17.91	23.04	31.84	62.23
	除税价	折旧费	元	6.79	10.90	14.02	19.37	37.85
		修理及替换设备费	元	2.78	4.46	5.74	7.93	15.51
		安装拆卸费	元	0.12	0.19	0.25	0.34	0.67
		小计	元	9.69	15.55	20.01	27.64	54.03
(二)		人工	工时	1.3	1.3	1.3	1.3	1.3
		汽油	kg					
		柴油	kg					
		电	kW·h	21.7	39.7	54.2	79.5	112.0
		风	m^3					
		水	m^3					
		煤	kg					
备注								
编号				4093	4094	4095	4096	4097

续表

绞车							人工绞磨
双筒							
卷筒直径×卷筒宽度(m×m)							起重量(t)
1.2×1.0 30kW	2.0×1.5 30kW	1.2×1.0 55kW	1.2×1.0 75kW	1.6×1.2 110kW	1.6×1.2 155kW	2.0×1.5 155kW	5
9.39	12.75	16.77	23.00	25.49	29.53	48.31	1.34
3.66	4.97	6.54	8.97	9.94	11.51	18.84	1.34
0.15	0.19	0.26	0.35	0.40	0.45	0.97	0.77
13.20	17.91	23.57	32.32	35.83	41.49	68.12	3.46
8.03	10.90	14.33	19.66	21.79	25.24	41.29	1.15
3.29	4.46	5.87	8.06	8.93	10.34	16.92	1.20
0.15	0.19	0.25	0.34	0.39	0.44	0.95	0.75
11.47	15.55	20.45	28.06	31.11	36.02	59.16	3.10
1.3	1.3	1.3	1.3	1.3	1.3	1.3	
21.7	21.7	39.7	54.2	79.5	112.0	112.0	
4098	4099	4100	4101	4102	4103	4104	4105

项目			单位	顶管设备				顶管液压千斤顶
				Φ1200	Φ1650	Φ2000	Φ2460	200t
(一)	含税价	折旧费	元	2.01	2.36	2.61	2.84	0.64
		修理及替换设备费	元	2.17	2.53	2.81	3.04	0.93
		安装拆卸费	元	0.19	0.19	0.19	0.19	0.19
		小计	元	4.37	5.08	5.61	6.07	1.76
	除税价	折旧费	元	1.72	2.02	2.23	2.43	0.55
		修理及替换设备费	元	1.95	2.27	2.52	2.73	0.84
		安装拆卸费	元	0.19	0.19	0.19	0.19	0.19
		小计	元	3.86	4.48	4.94	5.35	1.58
(二)		人工	工时					
		汽油	kg					
		柴油	kg					
		电	kW·h	23.3	34.2	46.7	63.10	
		风	m^3					
		水	m^3					
		煤	kg					
备注								
编号				4106	4107	4108	4109	4110

续表

机电设备安装用桥式起重机							
单　小　车							
起　重　量(t)							
10	16	20	32	50	80	100	125
4.27 4.27	4.90 4.90	6.05 6.05	7.96 7.96	10.84 10.84	18.81 18.81	21.92 21.92	25.54 25.54
3.84 3.84	4.40 4.40	5.43 5.43	7.15 7.15	9.74 9.74	16.90 16.90	19.69 19.69	22.94 22.94
1.3 11.5	1.3 16.0	1.3 19.5	1.3 23.8	1.3 32.4	1.3 35.0	1.3 38.0	1.3 38.0
4111	4112	4113	4114	4115	4116	4117	4118

<table>
<tr><td colspan="3" rowspan="4">项　目</td><td rowspan="4">单位</td><td colspan="6">机电设备安装用桥式起重机</td></tr>
<tr><td colspan="2">单 小 车</td><td colspan="4">双 小 车</td></tr>
<tr><td colspan="6">起 重 量(t)</td></tr>
<tr><td>160</td><td>200</td><td>2×63</td><td>2×80</td><td>2×100</td><td>2×125</td></tr>
<tr><td rowspan="8">(一)</td><td rowspan="4">含税价</td><td>折 旧 费</td><td>元</td><td></td><td></td><td></td><td></td><td></td><td></td></tr>
<tr><td>修理及替换设备费</td><td>元</td><td>30.27</td><td>33.59</td><td>25.54</td><td>29.72</td><td>33.44</td><td>37.15</td></tr>
<tr><td>安装拆卸费</td><td>元</td><td></td><td></td><td></td><td></td><td></td><td></td></tr>
<tr><td>小 计</td><td>元</td><td>30.27</td><td>33.59</td><td>25.54</td><td>29.72</td><td>33.44</td><td>37.15</td></tr>
<tr><td rowspan="4">除税价</td><td>折 旧 费</td><td>元</td><td></td><td></td><td></td><td></td><td></td><td></td></tr>
<tr><td>修理及替换设备费</td><td>元</td><td>27.19</td><td>30.17</td><td>22.94</td><td>26.70</td><td>30.04</td><td>33.37</td></tr>
<tr><td>安装拆卸费</td><td>元</td><td></td><td></td><td></td><td></td><td></td><td></td></tr>
<tr><td>小 计</td><td>元</td><td>27.19</td><td>30.17</td><td>22.94</td><td>26.70</td><td>30.04</td><td>33.37</td></tr>
<tr><td rowspan="8">(二)</td><td colspan="2">人 工</td><td>工时</td><td>1.3</td><td>1.3</td><td>1.3</td><td>1.3</td><td>1.3</td><td>1.3</td></tr>
<tr><td colspan="2">汽 油</td><td>kg</td><td></td><td></td><td></td><td></td><td></td><td></td></tr>
<tr><td colspan="2">柴 油</td><td>kg</td><td></td><td></td><td></td><td></td><td></td><td></td></tr>
<tr><td colspan="2">电</td><td>kW·h</td><td>45.7</td><td>45.7</td><td>15.2</td><td>20.8</td><td>20.8</td><td>20.8</td></tr>
<tr><td colspan="2">风</td><td>m^3</td><td></td><td></td><td></td><td></td><td></td><td></td></tr>
<tr><td colspan="2">水</td><td>m^3</td><td></td><td></td><td></td><td></td><td></td><td></td></tr>
<tr><td colspan="2">煤</td><td>kg</td><td></td><td></td><td></td><td></td><td></td><td></td></tr>
<tr><td colspan="2"></td><td></td><td></td><td></td><td></td><td></td><td></td><td></td></tr>
<tr><td colspan="4">备 注</td><td></td><td></td><td></td><td></td><td></td><td></td></tr>
<tr><td colspan="4">编 号</td><td>4119</td><td>4120</td><td>4121</td><td>4122</td><td>4123</td><td>4124</td></tr>
</table>

五、砂石料加工机械

项目			单位	鄂式破碎机				
				进料口(宽度×长度)(mm×mm)				
				60×100	150×250	200×350	250×400	250×1000
(一)	含税价	折旧费	元	0.54	1.30	2.33	3.46	10.94
		修理及替换设备费	元	4.19	5.92	9.77	13.07	27.67
		安装拆卸费	元	0.16	0.28	0.50	0.73	1.75
		小计	元	4.89	7.50	12.60	17.26	40.36
	除税价	折旧费	元	0.46	1.11	1.99	2.96	9.35
		修理及替换设备费	元	3.76	5.32	8.78	11.74	24.86
		安装拆卸费	元	0.16	0.27	0.49	0.72	1.72
		小计	元	4.38	6.70	11.26	15.42	35.93
(二)		人工	工时	1.3	1.3	1.3	1.3	1.3
		汽油	kg					
		柴油	kg					
		电	kW·h	0.6	3.1	5.0	12.3	28.0
		风	m^3					
		水	m^3					
		煤	kg					
备注								
编号				5001	5002	5003	5004	5005

鄂式破碎机					旋回破碎机		
进料口(宽度×长度)(mm×mm)					料口宽度(进 mm/出 mm)		
400×600	450×600	450×750	500×750	600×900	500/70	700/100	900/130
7.77	8.95	12.08	12.97	32.41	78.91	162.31	252.49
20.55	23.17	30.67	32.82	81.13	56.81	116.86	181.79
1.23	1.42	1.92	2.08	5.14	6.68	13.75	21.39
29.55	33.54	44.67	47.87	118.68	142.40	292.92	455.67
6.64	7.65	10.32	11.09	27.70	67.44	138.73	215.80
18.46	20.81	27.55	29.48	72.88	51.03	104.98	163.30
1.21	1.39	1.88	2.04	5.04	6.55	13.48	20.97
26.31	29.85	39.75	42.61	105.62	125.02	257.19	400.07
1.3	1.3	1.3	1.3	1.3	1.3	1.3	1.3
21.2	22.7	37.8	41.6	60.5	93.9	104.8	151.8
5006	5007	5008	5009	5010	5011	5012	5013

项目			单位	圆锥破碎机	圆振动筛			
				锥体直径(mm)	筛面(宽×长)(mm×mm)			
				1750	1200×3600	1500×3600	1800×4200	2400×6000
(一)	含税价	折旧费	元	92.54	8.07	9.09	10.74	21.54
		修理及替换设备费	元	87.90	13.47	15.16	17.93	35.97
		安装拆卸费	元	10.17	0.19	0.21	0.26	0.52
		小计	元	190.61	21.73	24.46	28.93	58.03
	除税价	折旧费	元	79.09	6.90	7.77	9.18	18.41
		修理及替换设备费	元	78.96	12.10	13.62	16.11	32.31
		安装拆卸费	元	9.97	0.19	0.21	0.25	0.51
		小计	元	168.02	19.19	21.60	25.54	51.23
(二)		人工	工时	1.3	1.3	1.3	1.3	1.3
		汽油	kg					
		柴油	kg					
		电	kW·h	112.0	8.0	8.7	10.8	21.7
		风	m^3					
		水	m^3					
		煤	kg					
备注								
编号				5014	5015	5016	5017	5018

续表

自定中心振动筛						惯性振动筛	
筛面(宽×长)(mm×mm)							
1250×2500	1250×3000	1250×4000	1500×3000	1500×4000	1800×3600	1250×2500	1500×3000
3.01	4.43	4.98	5.16	7.23	9.58	2.69	3.85
4.55	6.16	6.71	6.76	8.11	10.74	7.96	9.21
0.07	0.10	0.12	0.11	0.16	0.21	0.10	0.12
7.63	10.69	11.81	12.03	15.50	20.53	10.75	13.18
2.57	3.79	4.26	4.41	6.18	8.19	2.30	3.29
4.09	5.53	6.03	6.07	7.29	9.65	7.15	8.27
0.07	0.10	0.12	0.11	0.16	0.21	0.10	0.12
6.73	9.42	10.41	10.59	13.63	18.05	9.55	11.68
1.3	1.3	1.3	1.3	1.3	1.3	1.3	1.3
4.0	4.7	5.4	5.4	8.0	13.0	4.0	4.0
5019	5020	5021	5022	5023	5024	5025	5026

<table>
<tr><td colspan="3" rowspan="3">项　目</td><td rowspan="3">单位</td><td colspan="5">重型振动筛</td></tr>
<tr><td colspan="5">筛面(宽×长)(mm×mm)</td></tr>
<tr><td>1500×3000</td><td>1750×3500</td><td>1800×3600</td><td>2100×6000</td><td>2400×6000</td></tr>
<tr><td rowspan="8">(一)</td><td rowspan="4">含税价</td><td>折旧费</td><td>元</td><td>4.61</td><td>6.34</td><td>11.91</td><td>24.87</td><td>27.07</td></tr>
<tr><td>修理及替换设备费</td><td>元</td><td>8.44</td><td>11.09</td><td>20.84</td><td>43.52</td><td>47.38</td></tr>
<tr><td>安装拆卸费</td><td>元</td><td>0.12</td><td>0.16</td><td>0.29</td><td>0.62</td><td>0.68</td></tr>
<tr><td>小计</td><td>元</td><td>13.17</td><td>17.59</td><td>33.04</td><td>69.01</td><td>75.13</td></tr>
<tr><td rowspan="4">除税价</td><td>折旧费</td><td>元</td><td>3.94</td><td>5.42</td><td>10.18</td><td>21.26</td><td>23.14</td></tr>
<tr><td>修理及替换设备费</td><td>元</td><td>7.58</td><td>9.96</td><td>18.72</td><td>39.09</td><td>42.56</td></tr>
<tr><td>安装拆卸费</td><td>元</td><td>0.12</td><td>0.16</td><td>0.28</td><td>0.61</td><td>0.67</td></tr>
<tr><td>小计</td><td>元</td><td>11.64</td><td>15.54</td><td>29.18</td><td>60.96</td><td>66.37</td></tr>
<tr><td rowspan="7">(二)</td><td colspan="2">人工</td><td>工时</td><td>1.3</td><td>1.3</td><td>1.3</td><td>1.3</td><td>1.3</td></tr>
<tr><td colspan="2">汽油</td><td>kg</td><td></td><td></td><td></td><td></td><td></td></tr>
<tr><td colspan="2">柴油</td><td>kg</td><td></td><td></td><td></td><td></td><td></td></tr>
<tr><td colspan="2">电</td><td>kW·h</td><td>8.0</td><td>10.8</td><td>15.9</td><td>21.7</td><td>28.9</td></tr>
<tr><td colspan="2">风</td><td>m^3</td><td></td><td></td><td></td><td></td><td></td></tr>
<tr><td colspan="2">水</td><td>m^3</td><td></td><td></td><td></td><td></td><td></td></tr>
<tr><td colspan="2">煤</td><td>kg</td><td></td><td></td><td></td><td></td><td></td></tr>
<tr><td colspan="4">备　注</td><td></td><td></td><td></td><td></td><td></td></tr>
<tr><td colspan="4">编　号</td><td>5027</td><td>5028</td><td>5029</td><td>5030</td><td>5031</td></tr>
</table>

续表

共振筛					偏心半振动筛	直线振动筛	
筛面(宽×长)(mm×mm)							
1000×2500	1200×3000	1250×3000	1500×3000	1500×4000	1250×3000	1200×4800	1500×4800
2.97	3.47	4.12	4.12	5.20	3.37	11.66	17.85
6.23	7.25	7.96	8.65	10.88	7.15	14.00	21.42
0.07	0.08	0.09	0.10	0.12	0.11	0.35	0.53
9.27	10.80	12.17	12.87	16.20	10.63	26.01	39.80
2.54	2.97	3.52	3.52	4.44	2.88	9.97	15.26
5.60	6.51	7.15	7.77	9.77	6.42	12.58	19.24
0.07	0.08	0.09	0.10	0.12	0.11	0.34	0.52
8.21	9.56	10.76	11.39	14.33	9.41	22.89	35.02
1.3	1.3	1.3	1.3	1.3	1.3	1.3	1.3
2.2	3.1	3.1	4.0	5.4	5.4	8.0	8.6
5032	5033	5034	5035	5036	5037	5038	5039

项目			单位	砂石洗选机		螺旋分级机	给料机	
				单螺旋		直径(mm)	圆盘式	重型槽式(mm × mm)
				XL－450	XL－914	1500	DB－1600	900 ×2100
(一)	含税价	折旧费	元	4.79	7.98	15.44	3.24	5.27
		修理及替换设备费	元	6.23	10.37	16.86	6.55	8.01
		安装拆卸费	元	0.36	0.60	1.30	0.24	0.28
		小计	元	11.38	18.95	33.60	10.03	13.56
	除税价	折旧费	元	4.09	6.82	13.20	2.77	4.50
		修理及替换设备费	元	5.60	9.32	15.15	5.88	7.20
		安装拆卸费	元	0.35	0.59	1.27	0.24	0.27
		小计	元	10.04	16.73	29.62	8.89	11.97
(二)		人工	工时	1.3	1.3	1.3	1.3	1.3
		汽油	kg					
		柴油	kg					
		电	kW·h	5.4	8.0	7.0	2.9	5.4
		风	m^3					
		水	m^3					
		煤	kg					
备注								
编号				5040	5041	5042	5043	5044

续表

给 料 机

重型槽式(mm×mm)		叶轮式	电磁式	重型板式
1100×2700	1250×3200	Φ400×400	45DA	1200×4500
8.88	11.89	1.49	2.64	4.54
13.50	18.06	2.33	3.92	8.53
0.48	0.63	0.10	0.17	0.35
22.86	30.58	3.92	6.73	13.42
7.59	10.16	1.27	2.26	3.88
12.13	16.22	2.09	3.52	7.66
0.47	0.62	0.10	0.17	0.34
20.19	27.00	3.46	5.95	11.88
1.3	1.3	1.3	1.3	1.3
8.0	10.8	2.2	2.2	5.4
5045	5046	5047	5048	5049

六、钻孔灌浆机械

项目			单位	地质钻机				冲击钻机
				100 型	150 型	300 型	500 型	CZ-20
(一)	含税价	折旧费	元	3.38	4.29	5.10	5.85	9.61
		修理及替换设备费	元	8.26	9.67	10.57	12.20	15.84
		安装拆卸费	元	2.07	2.68	3.12	4.12	4.17
		小计	元	13.71	16.64	18.79	22.17	29.62
	除税价	折旧费	元	2.89	3.67	4.36	5.00	8.21
		修理及替换设备费	元	7.42	8.69	9.50	10.96	14.23
		安装拆卸费	元	2.03	2.63	3.06	4.04	4.09
		小计	元	12.34	14.99	16.92	20.00	26.53
(二)	人工		工时	2.8	2.9	2.9	2.9	2.9
	汽油		kg					
	柴油		kg					
	电		kW·h	6.7	10.7	15.0	18.3	17.8
	风		m^3					
	水		m^3					
	煤		kg					
备注								
编号				6001	6002	6003	6004	6005

冲击钻机		大口径 岩芯钻	大口径 工程钻	反循环 钻机	反井 钻机	冲击式 反循环钻机	
CZ－22	CZ－30	Φ1.2m	GJC－40H	SFZ－150	LM－200	CZF－1200	CZF－1500
18.65	32.21	48.14	107.35	25.26	108.97	30.09	40.79
26.46	44.56	77.51	175.09	46.95	178.71	48.13	65.27
6.99	11.96	18.30	39.03	10.16	55.68	12.04	16.32
52.10	88.73	143.95	321.47	82.37	343.36	90.26	122.38
15.94	27.53	41.15	91.75	21.59	93.14	25.72	34.86
23.77	40.03	69.63	157.29	42.18	160.54	43.24	58.63
6.85	11.72	17.94	38.26	9.96	54.58	11.80	16.00
46.56	79.28	128.72	287.30	73.73	308.26	80.76	109.49
2.9	2.9	3.9	3.4	2.9	5.3	3.8	3.8
			10.1				
19.6	35.6	92.5		68.2	69.3	21.7	32.5
					31.0		
6006	6007	6008	6009	6010	6011	6012	6013

项目			单位	液压铣槽机 BC－30	锯槽机	自行射水成槽机	灌浆自动记录仪	泥浆搅拌机	灰浆搅拌机
（一）	含税价	折旧费	元	2775.76	44.18	38.06	7.51	3.63	0.94
		修理及替换设备费	元	1665.46	61.86	51.75	4.51	7.36	2.58
		安装拆卸费	元		17.67	15.22	0.76	0.65	0.22
		小计	元	4441.22	123.71	105.03	12.78	11.64	3.74
	除税价	折旧费	元	2372.44	37.76	32.53	6.42	3.10	0.80
		修理及替换设备费	元	1496.10	55.57	46.49	4.05	6.61	2.32
		安装拆卸费	元		17.32	14.92	0.74	0.64	0.22
		小计	元	3868.54	110.65	93.94	11.21	10.35	3.34
（二）		人工	工时	7.5	5.0	5.0	2.1	1.3	1.3
		汽油	kg						
		柴油	kg	108.0					
		电	kW·h		79.0	88.0	0.1	12.9	6.3
		风	m^3						
		水	m^3						
		煤	kg						
备注					※	※			
编号				6014	6015	6016	6017	6018	6019

续表

泥浆泵	灌浆泵			灰浆泵	高压水泵	搅灌机	孔口装置
HB80/10 型	中低压		高压	功率(kW)			
3PN	泥浆	砂浆	泥浆	4.0	75	WJG－80	
0.51	2.69	3.12	5.01	2.01	4.03	3.76	2.42
1.31	7.85	8.77	13.49	7.15	13.70	9.19	9.66
0.26	0.65	0.72	1.08	1.01	2.01	0.67	0.37
2.08	11.19	12.61	19.58	10.17	19.74	13.62	12.45
0.44	2.30	2.67	4.28	1.72	3.44	3.21	2.07
1.18	7.05	7.88	12.12	6.42	12.31	8.26	8.68
0.25	0.64	0.71	1.06	0.99	1.97	0.66	0.36
1.87	9.99	11.26	17.46	9.13	17.72	12.13	11.11
1.3 2.9	2.4 13.2	2.4 10.1	2.4 17.9	1.3 4.0	1.3 72.5	3.7 9.0	2.7 6.0
6020	6021	6022	6023	6024	6025	6026	6027

项目			单位	高喷台车	单头搅拌桩机	双头搅拌桩机	多头搅拌桩机	
							BJS－15B	ZCJ－25
(一)	含税价	折旧费	元	6.78	13.82	21.50	38.40	107.50
		修理及替换设备费	元	10.40	12.86	18.96	28.44	47.15
		安装拆卸费	元	2.83				
		小计	元	20.01	26.68	40.46	66.84	154.65
	除税价	折旧费	元	5.79	11.81	18.38	32.82	91.88
		修理及替换设备费	元	9.34	11.55	17.03	25.55	42.36
		安装拆卸费	元	2.77				
		小计	元	17.90	23.36	35.41	58.37	134.24
(二)		人工	工时	1.3	2.9	3.8	3.8	3.8
		汽油	kg					
		柴油	kg					
		电	kW·h	3.0	35.0	46.7	42.8	85.6
		风	m^3					
		水	m^3					
		煤	kg					
备注								
编号				6028	6029	6030	6031	6032

续表

振动沉模设备(每组)	柴油打桩机				振 冲 器		
	锤 头 重 量(t)						
	1 ~ 2	2 ~ 4	4 ~ 6	6 ~ 8	ZCQ - 13	ZCQ - 30	ZCQ - 75
106.22	3.40	17.89	22.58	34.16	9.13	11.28	21.47
90.11	8.02	37.96	49.51	86.58	9.29	10.71	11.54
	2.51	12.71	16.03	29.18	0.85	0.98	1.78
196.33	13.93	68.56	88.12	149.92	19.27	22.97	34.79
90.79	2.91	15.29	19.30	29.20	7.80	9.64	18.35
80.95	7.20	34.10	44.48	77.78	8.35	9.62	10.37
	2.46	12.46	15.71	28.60	0.83	0.96	1.74
171.74	12.57	61.85	79.49	135.58	16.98	20.22	30.46
2.9	3.9	3.9	3.9	3.9	1.3	1.3	1.3
	3.0	4.0	5.0	6.0			
70.0					10.1	21.7	45.9
	下限 < 锤头重量(t) ≤ 上限						
6033	6034	6035	6036	6037	6038	6039	6040

七、动力机械

项目			单位	工业锅炉				
				蒸发量(t)				
				0.5	1.0	1.5	2.0	4.0
(一)	含税价	折旧费	元	4.84	7.44	8.38	10.03	12.69
		修理及替换设备费	元	3.14	4.38	5.20	6.22	8.24
		安装拆卸费	元	0.80	1.08	1.32	1.59	2.09
		小计	元	8.78	12.90	14.90	17.84	23.02
	除税价	折旧费	元	4.14	6.36	7.16	8.57	10.85
		修理及替换设备费	元	2.82	3.93	4.67	5.59	7.40
		安装拆卸费	元	0.78	1.06	1.29	1.56	2.05
		小计	元	7.74	11.35	13.12	15.72	20.30
(二)		人工	工时	1.0	2.4	2.4	2.4	2.4
		汽油	kg					
		柴油	kg					
		电	kW·h					
		风	m^3					
		水	m^3	0.6	1.4	1.9	2.6	3.6
		煤	kg	84.1	201.1	252.8	377.4	484.5
备注								
编号				7001	7002	7003	7004	7005

工业锅炉		空压机					
		电动移动式				油动移动式	
蒸发量(t)		排气量(m^3/min)					
6.0	10.0	0.6	3.0	6.0	9.0	3.0	6.0
15.64	20.07	0.36	1.72	2.53	3.84	2.03	4.50
10.16	14.80	1.01	3.53	5.19	5.55	3.97	8.07
2.64	3.71	0.11	0.49	0.76	0.96	0.66	1.18
28.44	38.58	1.48	5.74	8.48	10.35	6.66	13.75
13.37	17.15	0.31	1.47	2.16	3.28	1.74	3.85
9.13	13.30	0.91	3.17	4.66	4.99	3.57	7.25
2.59	3.64	0.11	0.48	0.74	0.94	0.65	1.16
25.09	34.09	1.33	5.12	7.56	9.21	5.96	12.26
3.4	3.4	1.3	1.3	1.3	1.3	1.3	1.3
						4.9	12.0
		4.2	15.1	30.2	45.4		
5.8	9.4						
773.2	1288.5						
7006	7007	7008	7009	7010	7011	7012	7013

项目			单位	空压机				
				油动移动式			电动固定式	
				排气量(m^3/min)				
				9.0	17	20	9.0	15
(一)	含税价	折旧费	元	6.25	13.44	21.56	3.31	4.62
		修理及替换设备费	元	9.98	20.77	28.99	4.30	5.41
		安装拆卸费	元	1.57	3.52	5.66	0.61	0.85
		小计	元	17.80	37.73	56.21	8.22	10.88
	除税价	折旧费	元	5.34	11.49	18.43	2.83	3.95
		修理及替换设备费	元	8.97	18.66	26.04	3.86	4.86
		安装拆卸费	元	1.54	3.45	5.55	0.60	0.83
		小计	元	15.85	33.60	50.02	7.29	9.64
(二)		人工	工时	2.4	2.4	2.4	1.3	1.3
		汽油	kg					
		柴油	kg	17.1	24.9	38.9		
		电	kW·h				56.7	71.8
		风	m^3					
		水	m^3					
		煤	kg					
备注								
编号				7014	7015	7016	7017	7018

续表

空压机						汽油发电机	
电动固定式					油动固定式	移动式	固定式
排气量(m^3/min)						功率(kW)	
20	40	60	93	103	12	15	55
6.69	12.58	14.81	20.41	22.65	5.31	4.50	4.09
7.71	15.39	15.97	21.99	24.40	8.66	12.91	5.97
1.14	2.63	2.87	3.95	4.38	1.24	1.49	0.95
15.54	30.60	33.65	46.35	51.43	15.21	18.90	11.01
5.72	10.75	12.66	17.44	19.36	4.54	3.85	3.50
6.93	13.83	14.35	19.75	21.92	7.78	11.60	5.36
1.12	2.58	2.81	3.87	4.29	1.22	1.46	0.93
13.77	27.16	29.82	41.06	45.57	13.54	16.91	9.79
1.8	1.8	2.7	2.7	2.7	2.4	1.3	1.8
						3.7	13.5
					18.9		
98.3	189.0	264.6	378.0	415.8			
7019	7020	7021	7022	7023	7024	7025	7026

项目			单位	柴油发电机				
				移动式				
				功率(kW)				
				20	30	40	50	60
(一)	含税价	折旧费	元	1.63	2.32	2.55	2.93	3.68
		修理及替换设备费	元	3.48	4.93	6.02	6.25	7.62
		安装拆卸费	元	0.56	0.66	0.89	1.00	1.15
		小计	元	5.67	7.91	9.46	10.18	12.45
	除税价	折旧费	元	1.39	1.98	2.18	2.50	3.15
		修理及替换设备费	元	3.13	4.43	5.41	5.61	6.85
		安装拆卸费	元	0.55	0.65	0.87	0.98	1.13
		小计	元	5.07	7.06	8.46	9.09	11.13
(二)		人工	工时	1.8	1.8	1.8	1.8	2.4
		汽油	kg					
		柴油	kg	4.9	7.4	9.8	11.5	13.8
		电	kW·h					
		风	m^3					
		水	m^3					
		煤	kg					
备注								
编号				7027	7028	7029	7030	7031

续表

柴油发电机							柴油发电机组
移动式	固定式						
功率(kW)							
85	160	200	250	400	440	480	1000
4.28	7.38	10.33	13.28	24.04	24.32	24.88	58.42
8.49	10.96	13.22	14.52	26.26	30.56	31.00	50.94
1.29	1.94	2.15	2.66	5.06	5.34	5.93	8.11
14.06	20.28	25.70	30.46	55.36	60.22	61.81	117.47
3.66	6.31	8.83	11.35	20.55	20.79	21.26	49.93
7.63	9.85	11.88	13.04	23.59	27.45	27.85	45.76
1.26	1.90	2.11	2.61	4.96	5.23	5.81	7.95
12.55	18.06	22.82	27.00	49.10	53.47	54.92	103.64
2.4	3.9	3.9	3.9	5.6	5.6	5.6	6.9
18.6	33.7	37.4	46.8	66.8	73.5	80.2	167.1
7032	7033	7034	7035	7036	7037	7038	7039

八、其他机械

项目			单位	电力变压器				
				三相双线圈铝线				
				容量(kVA)				
				20	30	50	100	200
(一)	含税价	折旧费	元	0.09	0.11	0.18	0.24	0.37
		修理及替换设备费	元	0.01	0.01	0.01	0.01	0.03
		安装拆卸费	元				0.01	0.01
		小计	元	0.10	0.12	0.19	0.26	0.41
	除税价	折旧费	元	0.08	0.09	0.15	0.21	0.32
		修理及替换设备费	元	0.01	0.01	0.01	0.01	0.03
		安装拆卸费	元				0.01	0.01
		小计	元	0.09	0.10	0.16	0.23	0.36
(二)		人工	工时				1.0	1.0
		汽油	kg					
		柴油	kg					
		电	kW·h					
		风	m^3					
		水	m^3					
		煤	kg					
备注								
编号				8001	8002	8003	8004	8005

电力变压器							
三相双线圈铝线							
容　　量(kVA)							
315	500	1000	2500	4000	6300	10000	20000
0.44	0.73	1.20	2.06	2.45	3.85	5.18	7.71
0.02	0.05	0.07	0.12	0.15	0.23	0.30	0.45
0.01	0.01	0.02	0.03	0.04	0.07	0.09	0.13
0.47	0.79	1.29	2.21	2.64	4.15	5.57	8.29
0.38	0.62	1.03	1.76	2.09	3.29	4.43	6.59
0.02	0.04	0.06	0.11	0.13	0.21	0.27	0.40
0.01	0.01	0.02	0.03	0.04	0.07	0.09	0.13
0.41	0.67	1.11	1.90	2.26	3.57	4.79	7.12
1.0	1.5	1.5	2.4	2.4	2.4	2.4	2.4
8006	8007	8008	8009	8010	8011	8012	8013

<table>
<tr><td colspan="3" rowspan="4">项　　目</td><td rowspan="4">单位</td><td colspan="5">电力变压器</td></tr>
<tr><td>三相双线圈铝线</td><td colspan="4">三相三线圈铝线</td></tr>
<tr><td colspan="5">容　　量(kVA)</td></tr>
<tr><td>31500</td><td>6300</td><td>10000</td><td>20000</td><td>31500</td></tr>
<tr><td rowspan="8">(一)</td><td rowspan="4">含税价</td><td>折　旧　费</td><td>元</td><td>13.28</td><td>6.05</td><td>7.70</td><td>10.09</td><td>18.59</td></tr>
<tr><td>修理及替换设备费</td><td>元</td><td>0.79</td><td>0.36</td><td>0.45</td><td>0.60</td><td>1.10</td></tr>
<tr><td>安装拆卸费</td><td>元</td><td>0.24</td><td>0.11</td><td>0.14</td><td>0.18</td><td>0.32</td></tr>
<tr><td>小　　计</td><td>元</td><td>14.31</td><td>6.52</td><td>8.29</td><td>10.87</td><td>20.01</td></tr>
<tr><td rowspan="4">除税价</td><td>折　旧　费</td><td>元</td><td>11.35</td><td>5.17</td><td>6.58</td><td>8.62</td><td>15.89</td></tr>
<tr><td>修理及替换设备费</td><td>元</td><td>0.71</td><td>0.32</td><td>0.40</td><td>0.54</td><td>0.99</td></tr>
<tr><td>安装拆卸费</td><td>元</td><td>0.24</td><td>0.11</td><td>0.14</td><td>0.18</td><td>0.31</td></tr>
<tr><td>小　　计</td><td>元</td><td>12.30</td><td>5.60</td><td>7.12</td><td>9.34</td><td>17.19</td></tr>
<tr><td rowspan="8">(二)</td><td colspan="2">人　　工</td><td>工时</td><td>2.4</td><td>2.4</td><td>2.4</td><td>2.4</td><td>2.4</td></tr>
<tr><td colspan="2">汽　　油</td><td>kg</td><td></td><td></td><td></td><td></td><td></td></tr>
<tr><td colspan="2">柴　　油</td><td>kg</td><td></td><td></td><td></td><td></td><td></td></tr>
<tr><td colspan="2">电</td><td>kW·h</td><td></td><td></td><td></td><td></td><td></td></tr>
<tr><td colspan="2">风</td><td>m^3</td><td></td><td></td><td></td><td></td><td></td></tr>
<tr><td colspan="2">水</td><td>m^3</td><td></td><td></td><td></td><td></td><td></td></tr>
<tr><td colspan="2">煤</td><td>kg</td><td></td><td></td><td></td><td></td><td></td></tr>
<tr><td colspan="2"></td><td></td><td></td><td></td><td></td><td></td><td></td></tr>
<tr><td colspan="4">备　　注</td><td></td><td></td><td></td><td></td><td></td></tr>
<tr><td colspan="4">编　　号</td><td>8014</td><td>8015</td><td>8016</td><td>8017</td><td>8018</td></tr>
</table>

续表

电力变压器		离心水泵					
220kV 三相		单　　级					
容量(kVA)		功　　率(kW)					
31500	50000	5～10	11～17	22	30	55	75
20.58	24.57	0.22	0.35	0.49	0.72	1.22	1.55
1.22	1.45	1.22	1.99	2.71	4.07	4.93	6.20
0.36	0.44	0.36	0.58	0.79	1.19	1.40	1.76
22.16	26.46	1.80	2.92	3.99	5.98	7.55	9.51
17.59	21.00	0.19	0.30	0.42	0.62	1.04	1.32
1.10	1.30	1.10	1.79	2.43	3.66	4.43	5.57
0.35	0.43	0.35	0.57	0.77	1.17	1.37	1.73
19.04	22.73	1.64	2.66	3.62	5.45	6.84	8.62
2.4	2.4	1.3 9.1	1.3 15.5	1.3 20.1	1.3 27.4	1.3 50.2	1.3 68.5
8019	8020	8021	8022	8023	8024	8025	8026

项目			单位	离心水泵					
				单级双吸				多级	
				功率(kW)					
				20	55	100	135	7.0	14
(一)	含税价	折旧费	元	1.21	1.59	2.32	3.48	0.41	0.60
		修理及替换设备费	元	4.94	8.76	12.61	14.59	1.47	2.09
		安装拆卸费	元	1.39	2.49	3.32	3.85	0.46	0.67
		小计	元	7.54	12.84	18.25	21.92	2.34	3.36
	除税价	折旧费	元	1.03	1.36	1.98	2.97	0.35	0.51
		修理及替换设备费	元	4.44	7.87	11.33	13.11	1.32	1.88
		安装拆卸费	元	1.36	2.44	3.25	3.77	0.45	0.66
		小计	元	6.83	11.67	16.56	19.85	2.12	3.05
(二)		人工	工时	1.3	1.3	1.3	1.3	1.3	1.3
		汽油	kg						
		柴油	kg						
		电	kW·h	19.3	53.2	96.7	130.5	7.0	14.0
		风	m^3						
		水	m^3						
		煤	kg						
备注									
编号				8027	8028	8029	8030	8031	8032

续表

离心水泵				汽油泵	潜水泵		
多级							
功率(kW)							
40	100	230	410	2.2~3.7	2.2	7.0	34
2.86	5.18	6.64	7.82	0.28	0.45	0.70	2.03
8.85	11.91	14.89	15.23	1.08	2.25	3.25	5.73
2.97	4.54	5.46	5.58	0.26	0.75	1.15	2.49
14.68	21.63	26.99	28.63	1.62	3.45	5.10	10.25
2.44	4.43	5.68	6.68	0.24	0.38	0.60	1.74
7.95	10.70	13.38	13.68	0.97	2.02	2.92	5.15
2.91	4.45	5.35	5.47	0.25	0.74	1.13	2.44
13.30	19.58	24.41	25.83	1.46	3.14	4.65	9.33
1.3	1.3	1.3	1.3	1.3	1.3	1.3	1.3
				1.0			
40.0	100.1	230.1	410.2		1.9	6.0	29.2
8033	8034	8035	8036	8037	8038	8039	8040

项目			单位	深井泵	污水泵				柱塞水泵
				功率(kW)					
				14	4.0	7.5	22	55	10
(一)	含税价	折旧费	元	1.45	0.31	0.54	1.24	3.01	1.55
		修理及替换设备费	元	2.68	2.08	2.95	5.03	7.59	2.21
		安装拆卸费	元	1.14	0.88	1.08	1.36	1.82	0.29
		小计	元	5.27	3.27	4.57	7.63	12.42	4.05
	除税价	折旧费	元	1.24	0.26	0.46	1.06	2.57	1.32
		修理及替换设备费	元	2.41	1.87	2.65	4.52	6.82	1.99
		安装拆卸费	元	1.12	0.86	1.06	1.33	1.78	0.28
		小计	元	4.77	2.99	4.17	6.91	11.17	3.59
(二)		人工	工时	1.3	1.3	1.3	1.3	1.3	1.3
		汽油	kg						
		柴油	kg						
		电	kW·h	12.0	3.9	7.5	21.3	53.2	53.2
		风	m^3						
		水	m^3						
		煤	kg						
备注									
编号				8041	8042	8043	8044	8045	8046

续表

衬胶泵	灰　渣　泵		耐酸泵	电磁试压泵	试压泵	高压油泵	电动油泵
功　　率(kW)					2.5MPa	50MPa	ZB4－500
17	75	115	3.0	手动			
4.34	4.96	7.97	0.28	0.28	0.49	0.57	0.03
7.14	8.15	13.11	1.54	1.54	0.44	0.55	0.17
2.86	3.27	5.24			0.29	0.19	
14.34	16.38	26.32	1.82	1.82	1.22	1.31	0.20
3.71	4.24	6.81	0.24	0.24	0.42	0.49	0.03
6.41	7.32	11.78	1.38	1.38	0.40	0.49	0.15
2.80	3.21	5.14			0.28	0.19	
12.92	14.77	23.73	1.62	1.62	1.10	1.17	0.18
1.3	1.3	1.3	1.3	1.3	1.3	1.3	1.3
16.4	72.5	111.1	2.9	2.9	2.9	2.9	24.2
8047	8048	8049	8050	8051	8052	8053	8054

项目			单位	叶式通风机				鼓风机	离心通风机
				功率(kW)					功率(kW)
				4.5	10	20	40	≤18m³/min	4.5
(一)	含税价	折旧费	元	0.42	0.62	0.97	1.68	1.44	0.12
		修理及替换设备费	元	1.32	2.00	2.94	4.15	2.79	0.78
		安装拆卸费	元	0.23	0.30	0.30	0.52	0.37	0.05
		小计	元	1.97	2.92	4.21	6.35	4.60	0.95
	除税价	折旧费	元	0.36	0.53	0.83	1.44	1.23	0.10
		修理及替换设备费	元	1.19	1.80	2.64	3.73	2.51	0.70
		安装拆卸费	元	0.23	0.29	0.29	0.51	0.36	0.05
		小计	元	1.78	2.62	3.76	5.68	4.10	0.85
(二)		人工	工时	0.7	0.7	0.7	0.7	1.3	0.7
		汽油	kg						
		柴油	kg						
		电	kW·h	4.0	7.6	15.1	30.2	9.0	3.4
		风	m^3						
		水	m^3						
		煤	kg						
备注									
编号				8055	8056	8057	8058	8059	8060

续表

离心通风机				轴流通风机			
功　　率(kW)							
10	28	55	75	7.5	14	28	37
0.38	1.16	1.76	2.07	0.49	2.77	4.14	4.72
1.57	3.23	3.53	3.99	0.73	4.26	6.87	7.85
0.13	0.36	0.47	0.55	0.09	0.65	1.06	1.26
2.08	4.75	5.76	6.61	1.31	7.68	12.07	13.83
0.32	0.99	1.50	1.77	0.42	2.37	3.54	4.03
1.41	2.90	3.17	3.58	0.66	3.83	6.17	7.05
0.13	0.35	0.46	0.54	0.09	0.64	1.04	1.24
1.86	4.24	5.13	5.89	1.17	6.84	10.75	12.32
0.7	0.7	0.7	0.7	0.7	0.7	0.7	0.7
7.6	21.2	41.6	56.7	5.7	10.6	21.2	28.0
8061	8062	8063	8064	8065	8066	8067	8068

项目			单位	轴流通风机		电焊机		
				功率(kW)		直流(kW)		
				55	2×55	9.6	20	30
(一)	含税价	折旧费	元	8.26	13.77	0.51	1.06	1.16
		修理及替换设备费	元	12.40	16.12	0.34	0.68	0.77
		安装拆卸费	元	1.73	2.62	0.09	0.19	0.22
		小计	元	22.39	32.51	0.94	1.93	2.15
	除税价	折旧费	元	7.06	11.77	0.44	0.91	0.99
		修理及替换设备费	元	11.14	14.48	0.31	0.61	0.69
		安装拆卸费	元	1.70	2.57	0.09	0.19	0.22
		小计	元	19.90	28.82	0.84	1.71	1.90
(二)		人工	工时	0.7	1.3			
		汽油	kg					
		柴油	kg					
		电	kW·h	41.6	67.3	9.6	20.0	30.0
		风	m^3					
		水	m^3					
		煤	kg					
备注								
编号				8069	8070	8071	8072	8073

续表

电焊机		点焊机		
交流(kVA)				
25	50	20	30	75
0.37	0.61	0.43	0.84	1.84
0.34	0.58	1.03	2.07	3.29
0.10	0.18	0.20	0.42	0.76
0.81	1.37	1.66	3.33	5.89
0.32	0.52	0.37	0.72	1.57
0.31	0.52	0.93	1.86	2.96
0.10	0.18	0.20	0.41	0.74
0.73	1.22	1.50	2.99	5.27
		1.3	1.3	1.3
14.5	36.1	12.2	18.3	45.9
8074	8075	8076	8077	8078

项目			单位	点焊机	多点焊机		对焊机	
				交流(kVA)			电阻(kVA)	
				150	300	1000	75	150
(一)	含税价	折旧费	元	2.25	2.28	4.09	1.06	1.53
		修理及替换设备费	元	3.88	4.49	8.00	2.51	3.62
		安装拆卸费	元	0.92	1.05	1.88	0.51	0.73
		小计	元	7.05	7.82	13.97	4.08	5.88
	除税价	折旧费	元	1.92	1.95	3.50	0.91	1.31
		修理及替换设备费	元	3.49	4.03	7.19	2.25	3.25
		安装拆卸费	元	0.90	1.03	1.84	0.50	0.72
		小计	元	6.31	7.01	12.53	3.66	5.28
(二)		人工	工时	1.3	1.3	1.3	1.3	1.3
		汽油	kg					
		柴油	kg					
		电	kW·h	80.1	86.7	289.1	36.7	80.1
		风	m^3					
		水	m^3					
		煤	kg					
备注								
编号				8079	8080	8081	8082	8083

续表

对焊机		自动电焊机			半自动电焊机	气割枪	钢筋弯曲机
电弧型(kVA)		等速		变速			
150	300	MZ_1～1000	MZ_2～1500	MZ～1000	MB～500	ACM～2	Φ6～Φ40
1.91	2.12	2.95	3.85	3.22	1.50	0.07	0.60
2.89	3.46	2.07	2.84	2.37	1.08	0.12	1.64
0.86	1.03	0.36	0.52	0.44	0.17		0.27
5.66	6.61	5.38	7.21	6.03	2.75	0.19	2.51
1.63	1.81	2.52	3.29	2.75	1.28	0.06	0.51
2.60	3.11	1.86	2.55	2.13	0.97	0.11	1.47
0.84	1.01	0.35	0.51	0.43	0.17		0.26
5.07	5.93	4.73	6.35	5.31	2.42	0.17	2.24
1.3	1.3					1.3	1.3
80.1	146.8	30.7	36.8	46.0	20.0		6.0
8.1	15.8						
3.2	5.5						
8084	8085	8086	8087	8088	8089	8090	8091

项目			单位	管子切断机	钢筋切断机		钢筋调直机	型钢剪断机
				功率(kW)				
				Φ50 ~ Φ100	10	20	4 ~ 14	13
(一)	含税价	折旧费	元	1.46	1.01	1.33	1.81	9.77
		修理及替换设备费	元	2.12	1.49	1.93	3.04	5.53
		安装拆卸费	元	0.35	0.25	0.32	0.49	1.50
		小计	元	3.93	2.75	3.58	5.34	16.80
	除税价	折旧费	元	1.25	0.86	1.14	1.55	8.35
		修理及替换设备费	元	1.90	1.34	1.73	2.73	4.97
		安装拆卸费	元	0.34	0.25	0.31	0.48	1.47
		小计	元	3.49	2.45	3.18	4.76	14.79
(二)		人工	工时	1.3	1.3	1.3	1.3	1.3
		汽油	kg					
		柴油	kg					
		电	kW·h	18.9	8.6	17.2	7.2	10.1
		风	m^3					
		水	m^3					
		煤	kg					
备注								
编号				8092	8093	8094	8095	8096

续表

弯管机	型材弯曲机	钢模板调平机	卷板机				
功率(kW)			规格(mm)				
7.0		GMTP－81A	2.25×1000	20×2000	30×3000	22×3500	22×4000
5.84	1.34	1.31	2.75	10.62	80.30	82.31	92.05
2.00	3.32	1.05	0.72	1.95	14.68	15.04	16.81
0.14	0.53	0.05	0.08	0.18	1.32	1.36	1.53
7.98	5.19	2.41	3.55	12.75	96.30	98.71	110.39
4.99	1.15	1.12	2.35	9.08	68.63	70.35	78.68
1.80	2.98	0.94	0.65	1.75	13.19	13.51	15.10
0.14	0.52	0.05	0.08	0.18	1.29	1.33	1.50
6.93	4.65	2.11	3.08	11.01	83.11	85.19	95.28
1.3	1.3	2.4	2.4	2.4	2.4	2.4	2.4
5.5	7.8	18.0	3.1	16.7	22.2	22.2	25.0
8097	8098	8099	8100	8101	8102	8103	8104

项目			单位	卷板机			冲剪机	剪板机
				规格(mm)				
				40×3000	50×3000	60×3000	16	6.3×2000
(一)	含税价	折旧费	元	117.57	123.93	144.99	13.80	3.66
		修理及替换设备费	元	21.48	22.65	26.49	7.56	2.92
		安装拆卸费	元	1.94	2.04	2.39	0.10	0.11
		小计	元	140.99	148.62	173.87	21.46	6.69
	除税价	折旧费	元	100.49	105.92	123.92	11.79	3.13
		修理及替换设备费	元	19.30	20.35	23.80	6.79	2.62
		安装拆卸费	元	1.90	2.00	2.34	0.10	0.11
		小计	元	121.69	128.27	150.06	18.68	5.86
(二)		人工	工时	2.4	2.4	2.4	1.6	2.4
		汽油	kg					
		柴油	kg					
		电	kW·h	30.0	36.1	50.0	2.3	8.0
		风	m^3					
		水	m^3					
		煤	kg					
备注								
编号				8105	8106	8107	8108	8109

续表

刨边机		铆钉枪	空气锤			压力机	车床
							普通车床
规格(mm)			规格(kg)				规格(mm)
9.0	12	SHD66－3	45	75	150		Φ250～Φ400
28.83	34.14	0.08	0.99	2.93	4.52	6.96	5.73
9.66	11.43		1.86	4.02	5.19	3.81	5.39
0.81	0.88		0.10	0.23	0.30	0.05	0.04
39.30	46.45	0.08	2.95	7.18	10.01	18.82	11.16
24.64	29.18	0.07	0.85	2.50	3.86	5.95	4.90
8.68	10.27		1.67	3.61	4.66	3.42	4.84
0.79	0.86		0.10	0.23	0.29	0.05	0.04
34.11	40.31	0.07	2.62	6.34	8.81	9.42	9.78
1.3 43.8	1.3 73.4	62.1	2.4 3.0	2.4 5.0	2.4 8.7	1.3 8.6	1.3 4.0
8110	8111	8112	8113	8114	8115	8116	8117

项目			单位	车床				
				普通车床			单柱立式车床	
				规格(mm)				
				Φ400 ~ Φ600	Φ600 ~ Φ800	Φ800 ~ Φ1000	Φ750 ~ Φ1250	Φ1250 ~ Φ1600
(一)	含税价	折旧费	元	6.64	10.62	18.39	16.92	23.90
		修理及替换设备费	元	5.55	5.82	9.85	11.50	16.09
		安装拆卸费	元	0.06	0.08	0.12	0.11	0.18
		小计	元	12.25	16.52	28.36	28.53	40.17
	除税价	折旧费	元	5.68	9.08	15.72	14.46	20.43
		修理及替换设备费	元	4.99	5.23	8.85	10.33	14.45
		安装拆卸费	元	0.06	0.08	0.12	0.11	0.18
		小计	元	10.73	14.39	24.69	24.90	35.06
(二)		人工	工时	1.3	1.3	2.4	2.4	2.4
		汽油	kg					
		柴油	kg					
		电	kW·h	8.0	12.0	16.0	14.7	24.7
		风	m^3					
		水	m^3					
		煤	kg					
备注								
编号				8118	8119	8120	8121	8122

续表

车床				钻床			
单柱立式车床	双柱立式车床		落地车床	摇臂钻床		立式钻床	
规格(mm)							
Φ1600～Φ2000	Φ2400～Φ3150	Φ3150～Φ4000	Φ1500～Φ2000	Φ20～Φ35	Φ35～Φ50	Φ13	Φ25
32.25	35.66	46.66	33.01	3.53	5.03	0.49	2.35
20.67	19.42	25.43	19.04	2.15	3.06	0.74	1.74
0.22	0.23	0.30	0.25	0.02	0.03		0.01
53.14	55.31	72.39	52.30	5.70	8.12	1.23	4.10
27.56	30.48	39.88	28.21	3.02	4.30	0.42	2.01
18.57	17.45	22.84	17.10	1.93	2.75	0.66	1.56
0.22	0.23	0.29	0.25	0.02	0.03		0.01
46.35	48.16	63.01	45.56	4.97	7.08	1.08	3.58
2.4	2.4	2.4	2.4	1.3	1.3	1.3	1.3
46.7	93.4	103.4	6.7	2.9	4.7	2.0	3.0
8123	8124	8125	8126	8127	8128	8129	8130

项目			单位	镗床			磨床	
				卧式镗床		落地镗床	外圆磨床	内圆磨床
				规格(mm)				
				Φ60 ~ Φ90	Φ90 ~ Φ125	TX6211	M1420E	M215A
(一)	含税价	折旧费	元	10.23	27.62	30.73	5.05	5.25
		修理及替换设备费	元	6.69	18.06	44.93	2.78	2.89
		安装拆卸费	元	0.13	0.35	0.28	0.05	0.05
		小计	元	17.05	46.03	75.94	7.88	8.19
	除税价	折旧费	元	8.74	23.61	26.26	4.32	4.49
		修理及替换设备费	元	6.01	16.22	40.36	2.50	2.60
		安装拆卸费	元	0.13	0.34	0.27	0.05	0.05
		小计	元	14.88	40.17	66.89	6.87	7.14
(二)		人工	工时	1.3	1.3	1.3	1.3	1.3
		汽油	kg					
		柴油	kg					
		电	kW·h	11.2	12.7	9.1	4.1	5.5
		风	m^3					
		水	m^3					
		煤	kg					
备注								
编号				8131	8132	8133	8134	8135

续表

磨床					齿机		
万能工具磨床	曲轴磨床	万能外圆磨床	珩磨机	平面磨床	铣齿机	滚齿机	插齿机
MQ6025A	MQ8240	ME1450	M4214	M7132H		YG3612A	
3.07	7.59	13.39	3.21	6.78	4.09	9.20	6.07
1.69	4.17	7.36	1.23	2.61	5.35	10.02	6.61
0.02	0.07	0.12	0.02	0.05	0.27	0.06	0.43
4.78	11.83	20.87	4.46	9.44	9.71	19.28	13.11
2.62	6.49	11.44	2.74	5.79	3.50	7.86	5.19
1.52	3.75	6.61	1.10	2.34	4.81	9.00	5.94
0.02	0.07	0.12	0.02	0.05	0.26	0.06	0.42
4.16	10.31	18.17	3.86	8.18	8.57	16.92	11.55
1.3	1.3	1.3	1.3	1.3	1.3	1.3	1.3
1.0	7.6	11.9	2.2	6.7	6.0	0.6	3.4
8136	8137	8138	8139	8140	8141	8142	8143

项目			单位	铣床		牛头刨床	插床	弓锯床
				X5025	XQ2011/3M	B = 650mm	B5032	G7116
（一）	含税价	折旧费	元	6.60	54.97	2.56	5.22	0.46
		修理及替换设备费	元	7.18	59.90	2.36	5.68	0.50
		安装拆卸费	元	0.42	3.53	0.17	0.34	0.03
		小计	元	14.20	118.40	5.09	11.24	0.99
	除税价	折旧费	元	5.64	46.98	2.19	4.46	0.39
		修理及替换设备费	元	6.45	53.81	2.12	5.10	0.45
		安装拆卸费	元	0.41	3.46	0.17	0.33	0.03
		小计	元	12.50	104.25	4.48	9.89	0.87
（二）		人工	工时	1.3	1.3	1.3	1.3	1.3
		汽油	kg					
		柴油	kg					
		电	kW·h	3.0	26.7	2.3	3.0	0.3
		风	m^3					
		水	m^3					
		煤	kg					
备注								
编号				8144	8145	8146	8147	8148

续表

木工加工机械						龙门刨床	
大带锯	圆盘锯	带锯机	双面刨床	平面刨床	开榫机	BQ2010	B2016A－S
3.80	0.45	1.45	1.14	0.68	1.90	1.54	50.83
4.09	1.32	1.57	1.24	0.70	2.89	1.67	55.38
0.20	0.06	0.20	0.17	0.09	0.17	0.10	3.25
8.09	1.83	3.22	2.55	1.47	4.96	3.31	109.46
3.25	0.38	1.24	0.97	0.58	1.62	1.32	43.44
3.67	1.19	1.41	1.11	0.63	2.60	1.50	49.75
0.20	0.06	0.20	0.17	0.09	0.17	0.10	3.19
7.12	1.63	2.85	2.25	1.30	4.39	2.92	96.38
3.4 1.0	2.4 7.1	2.4 5.3	1.3 9.0	1.3 3.1	1.3 3.1	2.4 5.2	2.4 46.7
8149	8150	8151	8152	8153	8154	8155	8156

项目			单位	箱式加热炉	平板硫化机		水磨石机	小型带锯
					一般	大型		
（一）	含税价	折旧费	元	14.03	1.36	2.51	0.15	1.77
		修理及替换设备费	元	7.68	2.38	4.41	0.43	1.78
		安装拆卸费	元	0.1	0.29	0.55	0.04	0.10
		小计	元	21.82	4.03	7.47	0.62	3.65
	除税价	折旧费	元	11.99	1.16	2.15	0.13	1.51
		修理及替换设备费	元	6.90	2.14	3.96	0.39	1.60
		安装拆卸费	元	0.10	0.28	0.54	0.04	0.10
		小计	元	18.99	3.58	6.65	0.56	3.21
（二）		人工	工时	1.3	1.3	1.3	1.3	2.4
		汽油	kg					
		柴油	kg					
		电	kW·h	2.3	5.8	10.1	2.0	0.4
		风	m^3					
		水	m^3					
		煤	kg					
备注								
编号				8157	8158	8159	8160	8161

续表

氩弧焊机	咬口机	折方机	手持式坡口机	台钻	压力滤油机	真空滤油机	集油器
≤500A	板厚 1.5mm	4mm × 2000mm	2kW	Z4016	150 型	≤100 L/min	JY－300
5.72	1.52	1.51	0.71	0.17	1.18	6.14	0.29
4.15	0.86	1.08	0.35	0.25	0.38	4.57	0.27
1.14					0.11	0.56	0.08
11.01	2.38	2.59	1.06	0.42	1.67	11.27	0.64
4.89	1.30	1.29	0.61	0.15	1.01	5.25	0.25
3.73	0.77	0.97	0.31	0.22	0.34	4.11	0.24
1.12					0.11	0.55	0.08
9.74	2.07	2.26	0.92	0.37	1.46	9.91	0.57
1.3				1.3	1.3	1.3	
11.8	2.1	2.1	1.3	0.3	0.9	22.0	
8162	8163	8164	8165	8166	8167	8168	8169

<table>
<tr><td colspan="3" rowspan="3">项目</td><td rowspan="3">单位</td><td>吊顶冷风器</td><td>超声波探伤机</td><td colspan="2">制氧机</td><td>吹风机</td></tr>
<tr><td></td><td></td><td colspan="2">产量(m³/h)</td><td>排风量</td></tr>
<tr><td>GL170</td><td>CTS－22</td><td>30</td><td>50</td><td>≤4m³/min</td></tr>
<tr><td rowspan="8">(一)</td><td rowspan="4">含税价</td><td>折旧费</td><td>元</td><td>1.74</td><td>1.69</td><td>23.90</td><td>34.91</td><td>1.22</td></tr>
<tr><td>修理及替换设备费</td><td>元</td><td>1.91</td><td>4.10</td><td>18.19</td><td>26.56</td><td>0.69</td></tr>
<tr><td>安装拆卸费</td><td>元</td><td>0.61</td><td>0.06</td><td>6.59</td><td>8.28</td><td></td></tr>
<tr><td>小计</td><td>元</td><td>4.26</td><td>5.85</td><td>48.68</td><td>69.75</td><td>1.91</td></tr>
<tr><td rowspan="4">除税价</td><td>折旧费</td><td>元</td><td>1.49</td><td>1.44</td><td>20.43</td><td>29.84</td><td>1.04</td></tr>
<tr><td>修理及替换设备费</td><td>元</td><td>1.72</td><td>3.68</td><td>16.34</td><td>23.86</td><td>0.62</td></tr>
<tr><td>安装拆卸费</td><td>元</td><td>0.60</td><td>0.06</td><td>6.46</td><td>8.12</td><td></td></tr>
<tr><td>小计</td><td>元</td><td>3.81</td><td>5.18</td><td>43.23</td><td>61.82</td><td>1.66</td></tr>
<tr><td rowspan="7">(二)</td><td colspan="2">人工</td><td>工时</td><td></td><td>1.0</td><td>5.7</td><td>5.7</td><td></td></tr>
<tr><td colspan="2">汽油</td><td>kg</td><td></td><td></td><td></td><td></td><td></td></tr>
<tr><td colspan="2">柴油</td><td>kg</td><td></td><td></td><td></td><td></td><td></td></tr>
<tr><td colspan="2">电</td><td>kW·h</td><td></td><td>5.9</td><td>72.3</td><td>101.2</td><td>11.6</td></tr>
<tr><td colspan="2">风</td><td>m³</td><td></td><td></td><td></td><td></td><td></td></tr>
<tr><td colspan="2">水</td><td>m³</td><td></td><td></td><td></td><td></td><td></td></tr>
<tr><td colspan="2">煤</td><td>kg</td><td></td><td></td><td></td><td></td><td></td></tr>
<tr><td colspan="4">备注</td><td></td><td></td><td></td><td></td><td></td></tr>
<tr><td colspan="4">编号</td><td>8170</td><td>8171</td><td>8172</td><td>8173</td><td>8174</td></tr>
</table>

续表

土工膜热焊机	土工布缝边机	喷锌设备	喷砂设备	SF_6 气体回收装置
1.0kW	0.1kW			
2.53	0.07	4.01	4.01	12.14
1.31	0.03	0.15	0.15	15.74
				2.23
3.84	0.10	4.16	4.16	30.11
2.16	0.06	3.43	3.43	10.38
1.18	0.03	0.13	0.13	14.14
				2.19
3.34	0.09	3.56	3.56	26.71
1.3	1.3			1.3
0.7	0.1			71.8
8175	8176	8177	8178	8179

九、补充机械

项目			单位	蓄电池车	自卸汽车		汽车起重机	塔式起重机
				重量(t)	载重量(t)		重量(t)	
				8.0	8.0（保温）	25.0	15.0	25.0
(一)	含税价	折旧费	元	8.52	26.80	97.06	40.04	79.44
		修理及替换设备费	元	5.74	16.08	48.53	28.08	30.13
		安装拆卸费	元					
		小计	元	14.26	42.88	145.59	68.12	109.57
	除税价	折旧费	元	7.90	24.86	90.05	34.22	67.90
		修理及替换设备费	元	5.16	14.44	43.60	25.22	27.07
		安装拆卸费	元					
		小计	元	13.06	39.30	133.65	59.44	94.97
(二)		人工	工时	1.30	1.30	1.30	2.70	2.70
		汽油	kg					
		柴油	kg				10.48	
		电	kW·h	7.90	10.20	20.80		78.70
		风	m^3					
		水	m^3					
		煤	kg					
备注								
编号				9001	9002	9003	9004	9005

混凝土振动碾		混凝土搅拌楼	沥青混凝土摊铺机	沥青混凝土拌和机	混凝土喷射机	刨边机
					(m^3/h)	(m)
BW90AD	BW120AD－3	LB－1000	DF130C	0.35m^3	3.0	12.0
27.91	34.35	191.20	338.15	6.59	2.84	34.14
11.16	13.74	53.16	67.63	14.86	2.38	11.44
			10.15	3.96	0.19	0.88
39.07	48.09	244.36	415.93	25.41	5.41	46.46
23.85	29.36	163.42	289.02	5.63	2.42	29.18
10.03	12.34	47.75	60.75	13.35	2.13	10.28
			9.95	3.88	0.19	0.86
33.88	41.70	211.17	359.72	22.86	4.74	40.32
1.30	1.30	9.70	1.30	1.40	2.40	1.30
2.30	3.70		23.30			
		96.40		7.00	2.16	20.10
					421.28	
9006	9007	9008	9009	9010	9011	9012